舉起文化使命的火把

彭正雄出版及交流一甲子

陳 福 成 著

華文現代詩點將錄
文史哲出版社印行

國家圖書館出版品預行編目資料

舉起文化使命的火把：彭正雄出版及交流一甲子
/ 陳福成著.-- 初版 -- 臺北市：文史哲
出版社. 民 107.8
頁： 公分.（華文現代詩點將錄；9）
ISBN 978-986-314-429-8 (平裝)

1. 彭正雄 2.回憶錄 3. 出版業

487.7933 107013214

華文現代詩點將錄 9

舉起文化使命的火把

彭正雄出版及交流一甲子

著 者：陳 福 成
出 版 者：文 史 哲 出 版 社
http:// www.lapen.com.tw
e-mail：lapen@ms74.hinet.net
登記證字號：行政院新聞局版臺業字五三三七號
發 行 人：彭 正 雄
發 行 所：文 史 哲 出 版 社
印 刷 者：文 史 哲 出 版 社
臺北市羅斯福路一段七十二巷四號
郵政劃撥帳號：一六一八〇一七五
電話886-2-23511028 · 傳真886-2-23965656

定價新臺幣四八〇元

二〇一八年（民一〇七）八 月 初 版
二〇一九年（民一〇八）七月初版六刷
二〇二二年（民一一一）七 月 再 版

ISBN 978-986-314-429-8 86109

序：彭正雄「以文化出版人自居，文化傳承捨我其誰」

《華文現代詩》「點將錄」從前年開筆，第九「將」彭正雄也是第九本終於完成，算是放下（完成）九座大山。我急於一氣完成，是希望這一套九本能同時出版。

本書已很接近「彭正雄回憶錄」，同時也針對「文史哲出版社發展史」有所著墨。結合這兩個圓圈的交集，就是彭正雄的文化出版交流和半世紀出版成果。

研究彭公一生努力方向與行誼，正如他的自我期許「以文化出版人自居，文化傳承捨我其誰」。他視文化出版事業為第二生命，投入文化出版業至今（二〇一八年）已五十七年，出版事業始終是一種文化使命，不忘初心，亦始終如一。

在海峽兩岸極富學術出版聲譽的彭正雄，曾有人戲問：「你最喜歡的職銜是什麼？」彭回答：「我最喜歡的職銜不是社長或理事長，而是文化出版人、發行人。」就是這種文化人自居的精神，使他不計得失。曾任中華民國圖書出版事業協會常務理事、台北市中庸實踐學會理事長。現任中國文藝協會理事，中華民國新詩學會常務理事、臺灣出版協會副理事長。當然最重要的是文史哲出版社老闆（發行人）。

從年輕就堅持的使命亦不放鬆，緊抓可以助人的因緣，奉獻時間和金錢，還積極地向主管出版的政府機關提供建言，為出版界和後進謀取更合理的經營環境。他曾感慨說：「臺灣外交處境困難，每個國民都有責任，而最好的文化外交便是文化出版品。」秉此信念，他更默默將文史哲自家出版書籍，捐贈至國內外圖書館，如新加坡大學圖書館、政治大學圖書館、佛光大學圖書館等。因為他很清楚個人的生命有限，有賴文化生命來延續，已算耄耋耆儒，對文化出版事業仍充滿年輕時代的熱情。

常言道：「成功的男人背後一定有個更了不起的女人」。據筆者多年接觸彭府，發現彭正雄背後是有兩個女人，隨時隨地、無怨無悔無條件的支持彭公，共為文史哲出版社的成長發展付出。這兩位了不起的女人，一位是彭公的夫人韓游春女士，一位是女兒彭雅雲小姐。今年正是彭公與夫人的鑽石婚，筆者以這本書做為他們的賀禮，並祝福「是人間真瑞　乃地上神仙」。

《華文現代詩》同仁、台北公館蟾蜍山
萬盛草堂主人　**陳福成**　二〇一八年春

《華文現代詩》點將錄

舉起文化使命的火把

──彭正雄出版及交流一甲子

目 次

民國四十九年服役小金門

彭夫人年輕時照片

全家福照

馮馮居士與彭正雄夫婦合照於文史哲出版社

民國 54 年在曾國策顧問約農編《湘鄉曾氏文獻》彭遇見張學良，民國 104 年於新竹張學良故居參觀一遊。

彭氏宗長建方 92 高齡偕大陸福建宗長嘉慶來訪。右起彭建方、彭正雄、彭嘉慶、陳福成。

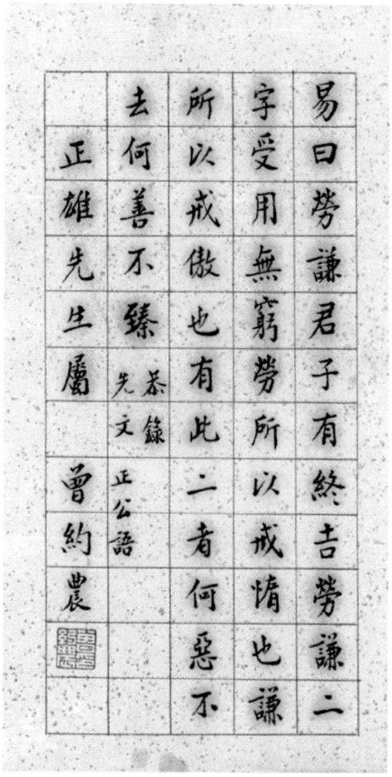
易曰勞謙君子有終吉勞謙二
字受用無窮勞所以戒惰也謙
所以戒傲也有此二者何惡不
去何善不臻 恭錄 先文正公語
正雄先生屬 曾約農

前國策顧問、前東海大學校長曾約農
贈墨寶予彭正雄 一九六六年六月

兩姊弟為曾國藩曾孫

前國大代表、湘鄉女子中學創辦人
曾寶蓀贈墨寶予彭正雄 一九六六年六月

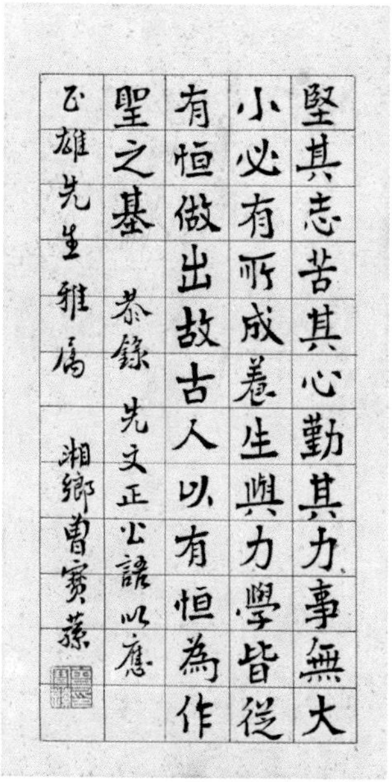
堅其志苦其心勤其力事無大
小必有所成養生與力學皆從
有恒做出故古人以有恒為作
聖之基 恭錄 先文正公語以應
正雄先生雅屬 湘鄉曾寶蓀

2011/5/1
民國100年(2011)5月1日於天然台湘菜館周南女子同學會
呈贈書《鄭向恆隨筆》秦厚修會長，並呈建言書請轉呈。

美國亞特蘭大三女兒的家，前庭後院。
下圖為三女兒女婿及兩個外孫。

2014.5.23 攝於駐亞特蘭大
台北經濟文化辦事處

二〇一八年五月五日母親節前夕，世界和平婦女會台灣總會假桃園市遠東百貨舉行頒獎「慈孝家庭表揚狀」典禮。彭今年逢鑽石婚。左起副會長彭素華、彭雅雲、彭雅玲、卓坤墻、韓游春、倪正庸、彭正雄、韓文銘、韓恩樹、劉亦真、韓恩槼及贊助單位人仕。

桃園市遠東百貨舉行頒獎「慈孝家庭表揚狀」典禮，於遠百合影

台北市中庸實踐學會彭理事長主持會議後，全體理監事合影。前排左三為創會理事長呂大朋。

1988 年 10 月 20 日，首次「海峽兩岸圖書展覽」
在上海舉行，從此開啟兩岸出版交流大門。1988.10.20

行政院陸委會出版業大陸事務研討會 1993.10.12.桃園大溪

紀念海峽兩岸出版交流20周年座談會合影留念 2008.4 鄭州

交流二十周年座談會於鄭州會場

河北文聯暨中國詩歌藝術學會聯誼餐會，適逢團長及彭生日聯歡。

北京舉辦「第五屆中國（北京）國際文化創意產業博覽周會」台湖國際圖書分會場文史哲出版社展圖書千種。上海復旦大學欒梅健及蘇州大學徐國源特地來北京宴請餐敘。

2012.9.3-7 新疆烏魯木齊舉辦「第一屆中國 — 亞歐博覽會」，新疆自治區新聞局長、書記邀約，臺灣參展祇有文史哲出版社及世界書局兩家。會後遊天池。

1985.8.10 參加香港中文書展並第一次經羅浮到深圳解放路新華書店一遊 8 小時

1989.8.參加香港 11 屆中文書展並轉往參加全國書市圖書展，並在人民大會堂兩岸出版人各派二百人長桌對等會談交流。攝於參觀故宮。

1968.10.24-29 舉行第一屆全國圖書雜誌展覽，於國立臺灣大學僑光堂展出。

寧夏圖書博覽會，參觀清眞寺牛皮手抄書(寺收藏)及禪坐 2012.6.2

參加二〇一二年六月二日寧夏銀川舉辦第二十二屆全國圖書博覽會。並遊沙湖及鎮北堡。

參加 1992 第四屆北京國際圖書博覽會↑

閻崇年與彭正雄 1992.9.4 攝於北京的飯店

1992 年拜訪作者王居恭，感謝贈「然納桑培」治高血壓中風良藥，治癒多人。→

參加二〇〇九年十二月三十日海峽出版發行集團揭幕式「傳揚文化·開創未來」。左起蔡森明、陳恩泉、彭正雄、楊榮川、陳達宏。

2009.12.31 賀福建省海峽出版發行集團成立「傳揚文化．開創未來」晚宴出版交流協會贈**掛牌紀念**。

2016.在 12 屆海峽兩岸出版圖書交易會與山東文藝出版社簽約《民國文學與文化系列論叢》出版合作。

二〇〇五年六月十一日詩人節接受表揚。

一九九六年二月參加東京國際書展。

一九九七年八月文藝協會與中國文協遼寧盤錦文協舉行詩學研討會。路經山西百家姓根源地大槐樹、平遙及武漢的武漢大學留影。

2002.11.9 無名氏文學作品研討會在市長官邸舉辦彭正雄說明經過。無名氏晚年時的黃昏五友:宋北超、舉、薛兆庚、王志濂、徐世澤在無名氏二周年追思會餐會時合影。

2004.10《作家無名氏先生文學作品追思紀念會》彭正雄在國軍英雄館六樓舉辦，參加者踴躍,與會者一百五十位友好,大會由尉天驄教授主持。會後餐敘席開十桌。

2006.6.2 於文協詩歌鋪子為編[詩報]的五位編委
右起林錫嘉、曾美霞、一信、落蒂、彭正雄。

2018年3月5日華文現代詩刊編輯會春敘，敦請魯蛟、向明、麥穗指導，左起許其正、林錫嘉、彭正雄、陳福成、鄭雅文、陳寧貴、莫渝、劉正偉。

華文現代詩刊社主辦「一信詩歌研討會」會後餐敘。前排右起彭正雄、鄭雅文、一信、綠蒂、落蒂；後排右起陳素英、莫渝、陳福成、陳寧貴、謝輝煌、曾美霞、丹萱、龔華、徐大夫婦。

1996年5月4日榮獲中國文藝協會頒發第三十七屆文藝工作獎章。左起夏美馴老師、林鈴蘭畫家、彭正雄、袁癸九老師。攝於來來大飯店。

◎

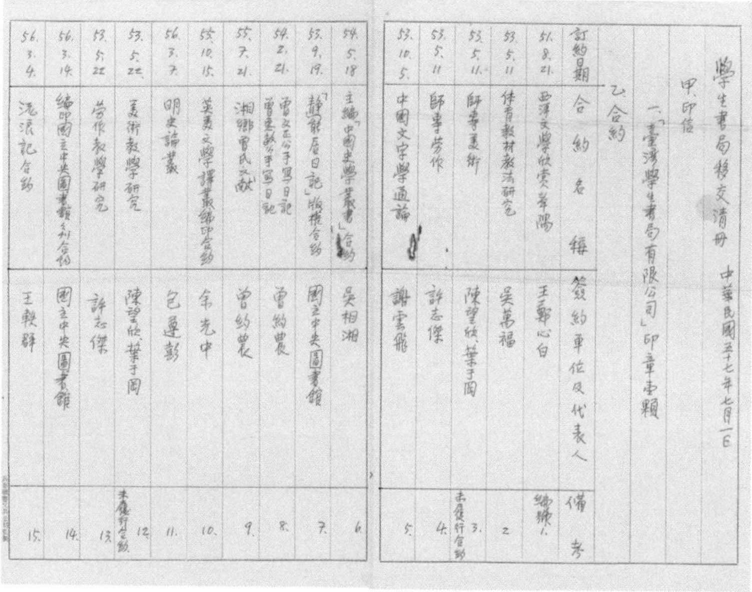

學生書局移交清冊　中華民國五十七年七月一日

甲、印信

一、「臺灣學生書局有限公司」印章壹顆

乙、合約

訂約日期	合約名稱	簽約單位及代表人	備考
51.8.21.	西洋文學欣賞举隅	王鄭心白	編號1.
53.5.11	体育教材教法研究	吳萬福	2
53.5.11.	師專美術	陳望欣、葉子固	未履行合約 3.
53.5.11	師專勞作	許志傑	4.
53.10.5.	中國文字學通論	謝雲飛	5.
54.5.18	主編「中國史學叢書」合約	吳相湘	6.
53.9.19.	「越縵堂日記」版權合約	國立中央圖書館	7.
54.2.21.	曾文正公手寫日記 曾惠敏公手寫日記	曾約農	8.
55.7.21.	湘鄉曾氏文獻	曾約農	9.
55.10.15.	英美文學譯叢編印合約	余光中	10.
56.3.7.	明史論叢	包遵彭	11.
53.5.22.	美術教學研究	陳望欣、葉子固	未履行合約 12.
53.5.22	勞作教學研究	許志傑	13.
56.3.14.	編印國立中央圖書館館刊合約	國立中央圖書館	14.
56.3.4.	流浪記合約	王軼群	15.

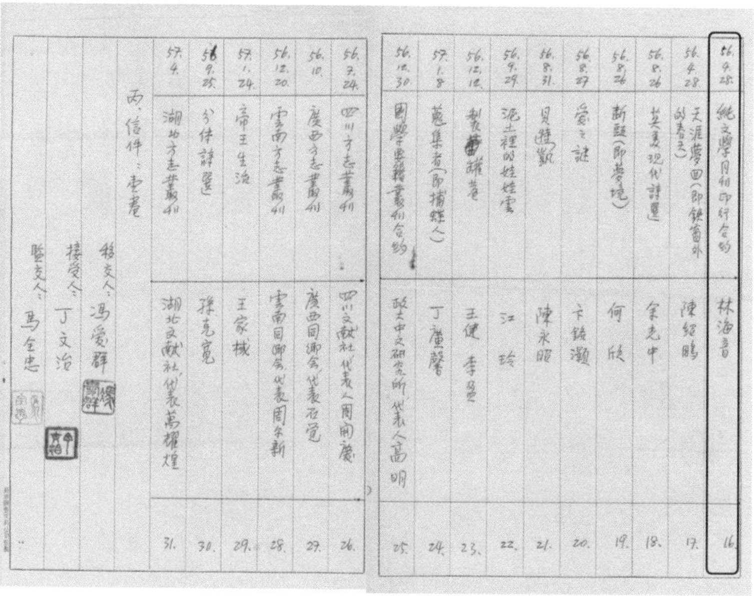

訂約日期	合約名稱	簽約單位及代表人	備考
56.4.28.	純文學月刊印行合約	林海音	16.
56.4.28.	天涯夢回（即銀窗外的春天）	陳紹鵬	17.
56.8.26	英美現代詩選	余光中	18.
56.8.26	斷頸（即夢境）	何欣	19.
56.8.27	愛之謎	卞鏡灝	20.
56.8.31.	貝蒂觀	陳永昭	21.
56.9.29.	泥土裡的娃娃雲	江玲	22.
56.12.14.	製[illegible]罐者	王健、李[illegible]	23.
57.1.8	蒐集者（即捕蝶人）	丁廣馨	24.
56.12.30	國學要籍叢刊合約	政大中文研究所，代表人高明	25.
56.7.24.	四川方志叢刊	四川文獻社，代表人周開慶	26.
56.10.	廣西方志叢刊	廣西同鄉會，代表石覺	27.
56.12.20.	雲南方志叢刊	雲南同鄉會，代表周介新	28.
57.1.24.	帝王生活	王家棫	29.
56.9.25.	分體詩選	孫克寬	30.
57.4.	湖北方志叢刊	湖北文獻社，代表萬耀煌	31.

丙、信件：壹卷

移交人：馮愛群

接受人：丁文治

監交人：馬全忠

此文獻出自彭正雄整理編輯的「湘鄉曾氏八本堂」（54年出版的《湘鄉曾氏文獻》），搶救自學生書局騎樓大門口的水泥製垃圾箱。當時彭先生整理《湘鄉曾氏文獻》的筆記被經理丟棄，清潔員已清理掉大半，搶救回的文獻中挾著此份合約，此文獻保存近五十年，今首度公開，具文學史料價值。

第一章 文化出版人彭正雄生命歷程簡述

從前年開始寫《華文現代詩》點將錄，一氣貫通下來，已完成八家（含筆者在內），實際上是對八個詩人作家進行他們一輩子生命歷程研究，每家寫一本研究專書。每一本專書約十餘章到二十餘章不等，各書的第一章統一是對當事者的簡述，並在《華文現代詩》刊逐期發表。這已完成的八家專書（八本），彭正雄先生已規劃在今（二〇一八）年五月文藝節出版，彭正雄的研究專書也可望年內問世。《華文現代詩點將錄》全套書（共九本），彭先生承擔了所有經費，對於他這種「道商」（出版人）精神，把文史哲出版社當成「慈善基金會」經營的態度，《華文現代詩》全體同仁無限感恩與敬佩。以「董狐筆」自居的筆者，當然更要秉筆直書，廣為宣揚這位隱於羅斯福路巷內的現代「范蠡」，給後世從事企業經營者有可學習之典範。

認識彭正雄先生十多年了，私下我總叫他「彭公」（他長我十幾歲），寂寞無聊的例假日，也常到他的公司找他泡茶磨時光談出版。多年前，我就發現彭公是一個值得「獵取」的目標，作家和攝影家都有相同的心態，始終在找尋「目標」，獵取為寫作（攝影）之主題。只是「彭正雄研究」是較為複雜的主題，在筆者往昔許多人物研究，只針對作家、詩人的個人作品。但「彭正雄研究」除個人生命歷程事蹟，涉及大量的「文史哲出版社發展史」，這是一個公司行號事業體的誕生和成長史，又和大時代政局潮流（兩岸關係）息息相關，乃至「生死與共」的關係。因此，如何把這「大歷史」和「小歷史」種種糾纏，梳理並溶解在彭正雄的傳記裡，顯然是筆者的大工程。

為儘可能讓讀者感受到清楚明白的閱讀樂趣，對文本主角八十年奮鬥歷程能夠通暢理解。在全書的第一章，先按年代區分各階段，簡述文化出版人彭正雄生命歷程與其所經營文史哲出版社發展概要。

壹、誕生至「六一九砲戰」英雄

一九三九年（民國二十八年）七月十五日，一個未來的文化出版家彭正雄，在新竹竹北鄉南寮舊港村三四四號，「啟呱呱而泣」。父彭春福，母周乖。這小寶貝墮地啼哭之聲特別宏亮，似為當時戰火漫天導致這悲慘世界，而嚎啕籲天，「泣」求戰火快快平息！給人民一個可以過日子的世界。

隔年（一九四〇年）九月，彭父為工作關係及孩子教育方便，全家移居台北市古亭庄今之羅斯福路二段五十二號；一九六〇年遷移該路一段七十二巷。從此以後，這裡就是彭家事業的永久基地，直到筆者寫本書，彭家已在羅斯福路綿衍了第四代。

民國三十五年（一九四六）八歲的正雄小朋友在這年八月，入學龍安國民小學（今新生南路旁）。就在他讀小一下學期時，不幸臺灣地區爆發驚天動地的「二二八事件」，彭父蒙冤被羈押七個多月，當然數十年後也得到平反（這是後話）。獲釋後的彭父持續專營他的「順發腳踏車店」，事業做得有聲有色，遠近聞名。但這些不幸的政治事件，已在正雄小朋友的心靈中，印上許多不解的問號和陰影，他想著未來有一天要找出真相，他比別的小朋友有更多的「為什麼」！

小學畢業後，十四歲的正雄已算青年，入讀萬華初商，簿記、會計都特優，畢業時獲教育局長獎，於民國四十四年再入讀台北市高商職校。四十七年（正雄二十歲）十月，奉父母之命與韓游春小姐結婚，又隔年七月高職畢業，半年後入伍當兵。

人生總有意外之舉，正雄入伍正是兩岸關係緊張之時。他在小金門擔任砲兵連計算士，震驚中外的「六一九砲戰」爆發了，青年彭正雄意外成了「砲戰英雄」。這是文化出版人另一閃亮史詩，本書於後續專章秉筆論說，回顧正雄所參與的砲戰。

貳、在學生書局「磨劍」

彭正雄退伍後，不久在台北市學生書局找到工作，他是店員、會計兼編輯，因父親經商失敗欠了債，下班後還去踩三輪車賺錢還債，可見這有為青年苦幹實幹又孝順的精神，真是可以感動天地啊！

正雄在學生書局約有九年半時間，這是他的人生「磨劍」階段，此期間他學會了所有圖書出版的技術和業務，置重點於如何管理、經營一家出版社。尤其追隨吳相湘教授學習編纂古籍，認識古籍版本，對後來彭正雄出版中國古代經典，有很大的幫助。

有半年時間，學生書局派他到當時國策顧問曾約農府上，負責編輯「湘鄉曾氏文獻」。在眾多散亂的文獻中，正雄慧眼發現了「寶藏」，那是短少了兩年的《曾文正公日記全集》，正雄呈遞給曾公，曾公高興得以為他是師大畢業的高材生。

當時學生書局所出版的著作中，有不少正雄都參與編輯、成本會計和行銷業務。在這工作中，細心的彭正雄意外發現一個文學史上錯誤，一般文壇上都認為《純文學》月刊是林海音創辦的，但彭正雄發現的證據是學生書局創辦的（另章專述）。這個發現改寫了文學史，五十年來，證據始終留在彭正雄家中的鐵櫃裡。

彭正雄在學生書局「磨劍」九年，期間總經理馮愛群推薦他去讀淡江大學，他考量在學生書局可以「一人當三人用」，不要增加老闆的負擔而放棄，這是他的「忠厚」；他也曾考上外縣市的好工作，父母不要他離家太遠，何況長子漢平、長女雅雲、次女雅玲都還小，他孝順並負責的守著這個幸福美滿的家。

多數天下男人都擁有的一種心，彭正雄當然也有，那就是「事業心」，而且可能比很多男人更強烈、更進取。他思索著，在學生書局不論多有成就，都是為別人工作，男人要有自己的事業，建立屬於自己的王國，一股熱流在懷裡啟動他的企圖心。一九七〇年十月，他終於向學生書局老闆總經理劉國瑞先生提出了辭呈，七一年七月才核准。

參、文史哲出版社的誕生、成長、使命與成果

民國六十年八月一日，國家處於風雨飄搖中，我們成了國際孤兒——退出聯合國，有許多人更感覺到戰爭可能就要面臨，選擇出逃他國。彭正雄就在這天讓「文史哲出版社」誕生了，他告訴筆者說：「選擇這一天就是要向大家宣示，風雨生信心。」

彭正雄直接把自己出版社取名「文史哲」，清楚明白的宣告本社以出版中國的「文、史、哲」作品為宗旨，讓人一目了然，要「文、史、哲」，到羅斯福路巷內找文史哲出版社就對了。打開中華文化幾千年來所有的經典著作，其實幾乎可以全部包納在文、史、哲三大領域內。但畢竟臺灣市場規模小，此類書籍銷售有限。幸好靠著彭社長苦幹實幹精神，廣拓人脈，出版古籍，以及暢銷書如張仁青的《應用文》養很多專業書，讓出版社前十五年得以維持營運。

除了維持出版社正常運作，彭公對中華文化有強烈的使命感和認同感，他覺得中國自古以來的文、史、哲，乃至現代碩博士論文相關研究，現代文學詩歌等，是一種「無尚價值」。緣於這樣的使命和願景，數十年來，幫助很多碩博士生出版他們的論文，為無數現代作家詩人出版他們的著作。不計成本甚至虧本，彭公也認為值得。

大名頂天、臺灣地區「天王級」作家詩人，如無名氏、羅門、馮馮、紀弦的經典作品，因銷量極有限各出版社都不願意出版。但彭公認為他們的大作應有留傳的機會，也都義助出版，連作家死後因窮困等種種因素，無人料理後事（如無名氏、馮馮），

彭公也全部包辦，風風光光為他們送行，文壇上傳為美談，文學史上留下一段佳話。有幾回筆者碰到彭公，我開他玩笑說，貴公司應該改名叫「文史哲慈善公益基金會」，他開懷笑著！

筆者說彭公把出版社當慈善公益事業經營，一點也不誇大，他曾應邀新加坡國立大學漢學中心發表論文之便，贈送該中心學術圖書七百多冊。對於一個私人小出版社而言，這是巨大的付出，大規模的公益活動，其他國內外小規模的贊助、捐贈，書之不盡！

小出版社也真的小，因為幾十年來公司就只有三人打拼，彭公、妻子和長女，直近十年來才多一個跑跑腿助理外務人員。但就其出版總量而言，曾有評估約等於近百人組織的公司，打開文史哲出版目錄，到筆者寫本書之際（二〇一八年四月），竟已出版了近三千種書，區分以下各類：〈文史哲學集成〉、〈文史哲學術叢刊〉、〈人文社會科學叢書〉、〈文學叢刊〉、〈戲曲研究系列〉、〈現代文學研究叢刊〉、〈臺灣近百年研究叢刊〉、〈羅門創作大系〉、〈童真自選集〉、〈侯楨作品集〉、〈比較文學叢刊〉、〈文史哲評論叢刊〉、〈文史哲英譯叢刊〉、〈文史哲新潮文庫〉、〈文史哲詩叢〉、〈圖書與資訊集成〉、〈中國文史哲資料叢刊〉、〈近代名家集彙刊〉、〈國學大師叢書〉、〈比較研究叢刊〉、〈精緻小品〉、〈南海研究史料叢刊〉、〈中國現代文學名家傳記叢書〉、〈將軍傳記叢刊〉、〈民國文學與文化系列論叢〉、〈傳記叢刊〉、〈藝術叢刊〉、〈書目索引〉、〈圖書館學〉、〈國學〉、〈期刊〉、

〈論叢〉、〈叢書〉、〈元智通識叢書〉、〈群經〉、〈哲學類〉、〈宗教類〉、〈醫藥〉、〈工程〉、〈教育〉、〈民族〉、〈土地交通〉、〈貨幣金融〉、〈政治〉、〈法律〉、〈中國歷史〉、〈文化史〉、〈史料〉、〈中國地理〉、〈世界遊記‧韓國史地〉、〈傳記〉、〈考古〉、〈語言文法〉、〈文字、聲韻、訓詁〉、〈辭典〉、〈文學總論〉、〈文學批評〉、〈詩〉、〈大學〉、〈兒童文學〉、〈詩藝叢刊〉、〈詞〉、〈戲曲〉、〈騷賦駢散〉、〈唐宋八大家叢刊〉、〈小說〉、〈總論〉、〈音樂〉、〈書畫〉、〈篆刻〉、〈法帖拓本〉、〈經銷圖書〉等數十種類。

數十種類，近三千種書，總印量恐有數百萬冊，現在存書尚有幾大庫房。中國自盤古開天地以來所有經典書籍，很難找出幾種，尚未被文史哲出版社出版。如此龐大的成果，出自一家三人的小出版社，源於彭正雄內心一股單純的文化出版使命感，傳揚中華文化使古籍生命永垂不朽的願力。而他的夫人韓游春、女兒彭雅雲，則是這龐大成果背後的大功臣！

肆、文化出版交流一甲子

彭正雄從在學生書局時期，一頭栽進「古籍文化紙堆」中，就不可自拔、情不自禁，被中華典籍芳香所吸引，每天苦幹實幹十二小時。有長官推薦他去讀淡江大學，他考量公司工作而放棄不讀，事實上不是一定要讀大學，彭正雄自學有成，後來淡江大學中文所請他教授博士生「書的版本演繹史」。這是後話了，後來我也常叫他「彭教授」，少叫他「彭公」了！

一甲子如白駒過隙，但彭正雄除出版了數不盡的中華典籍，他的文化出版交流也是生命中重要亮點。這當然和行銷有關，他必須把產品行銷出去，文化使命才得以宣揚與完成。

在兩岸未開放時期，彭正雄已積極參加臺灣地區各種書展。兩岸開放後，他深知有無限大的版圖和市場在對岸，一九八八年首次先進十二出版人破冰之旅的上海書展開始，有一九八九年大舉三百人北京書展交流，此後他幾乎年年「登陸」，有關書展、出版、行銷、文學活動、學術研討會等。不管政府、大學或民間各機構主辦，他總是儘可能參加，他的動機和宗旨，就是要透過文化出版交流的每一次機會，把中華文化無數典籍，推廣出去，讓最多的中國人可以看到、讀到，或只聞到書的芳香也好！至於是否賺到銀子，這位出版界的「彭教授」從未放心上，放在心上的只有中華文化強烈的使命感。

就是這股傻勁，北京已如他家的客廳，足跡更擴展到遼寧、新疆、港澳、廈門、合肥、鄭州、福州、海南、貴州……我神州大地，筆者已經想不出那裡他沒去過！他就是這樣不顧一切「舉起文化使命的火把」，以捨我其誰的壯志，從年輕到老，只思索著他的「火把」熱力，可以照耀神州大地。這也難怪，早在一九八八年，大陸學者張秀民在給彭正雄的信說他，「發揚中國固有文化作出偉大貢獻」。（另章講述）「偉大」二字豈可亂用乎？然而，我覺得張先生用得很合實際，張先生人在大陸，我在臺灣，親身感受，兩眼所見！

彭正雄除了「登陸」，也到新加坡國立大學宣講臺灣地區古籍整理和出版。其他如邀請大陸的文化、出版機構負責人訪台交流、舉辦座談等；邀請美國創造百老匯奇蹟的「西貢小姐」王洛勇訪台。凡此，只要有益於中華文化宣揚和出版交流，彭正雄都不計成本、不遺餘力的，一股腦兒的幹下去就對了！

伍、創辦雜誌，主持或參與文化文學社團

認識彭公這位老友十幾年了，我也深入研究他八十年的人生歷程，他的行事風格有兩個第一。其一是出錢出力跑第一，次者是辦雜誌宣揚中華文化的思維是第一，這種先見之明，他在學生書局時期就已經「想在老闆之前」。民國五十五年他建議總經理劉國瑞，由公司辦《圖書季刊》，因國外客戶常要相關類別圖書，刊物也提供讀者方便，對採購和行銷都有益，更是文化宣揚最好的工具。總經理同意後以《圖書季刊》之名申辦，後因名稱已被中央圖書館臺灣分館登記，再改名《書目季刊》完成登記。

到了他創辦「文史哲出版社」，順理成章《文史哲雜誌》就誕生了。二〇一四年誕生的《華文現代詩》雖有多人參與，說他創辦也合於事實，因為沒有他出錢出力，詩刊也沒有誕生的機會，原先筆者說勉強維持兩年，但彭公說要堅持辦下去。沒有他

的堅持，堅持文化文學的傳揚使命，詩刊也老早打烊了！

彭正雄參與的文化、文學社團也多，中國文藝協會、中華民國新詩學會、中國詩歌藝術學會、中庸學會、臺灣出版協會、中華民國圖書出版事業協會、出版同心會、中國編輯學會等。這些諸多社團，彭公大多擔任過理事長（會長）或理事等職務，也是出錢出力，不遺餘力，讓人敬服他為公益的付出，更感動他的文化使命！

臺灣地區知名的文學詩歌社團，如《秋水》、《葡萄園》、《創世紀》、《三月詩會》、《文訊》、《青溪》、中國文藝協會的《文學人雜誌》和中華民國新詩學會《詩報》，他大多參與活動或免費印刷，新詩學會的《詩報》他免費印了很多年。其他不知道還有多少他默默的贊助？問他，他說太多想不起來了！

為詩人出版詩集，為詩人辦新書發表會或研討會，這鐵定是虧本的生意，詩人大多窮，只意思拿出比「小費」還小的零錢，彭正雄也都不計較。這和早年為很多研究生出版碩博士論文一樣，他說「成人之美、給人機會」。難怪無名氏（卜乃夫）在報上發表過一篇文章，〈臺灣出版界的奇人俠士—記不平凡的臺灣人彭正雄〉。在朋友群中，他確實就有俠者的風範。

小結：「以文化出版人自居、文化傳承捨我其誰」

很多人說商場如戰場，爾詐我虞，但我研究彭正雄一生行誼，看不到一點商人的影子，若要給他適宜的定位，他比較合於「道商」內涵，甚至說有更豐富的「道」，附帶以「商」為用。因為他一生所做所為，可以說「以文化出版人自居，文化傳承捨我其誰」，他竟擔起復興中華文化之重責大任。

順帶一說，彭正雄以文化出版人自居，以捨我其誰的精神傳揚中華文化。很少人知道他也是一個作家，早年他就在新加坡國立大學發表論文，〈臺灣地區古籍整理及其貢獻〉和〈臺灣地區古典詩詞出版品回顧與展望〉；在《文史哲雜誌》連載〈出版事業經營法〉很多期。他的大作《歷代賢母事略》一書是民國八十年出版的，把中國有史以來的好媽媽們表揚一番。

筆者寫本書時，他正要出版《圖說中國書籍演進小史》，這其實是中國書籍的大歷史。還有，他最近也有新詩發表，看來碰到他要叫詩人了！

彭正雄編著深感對先賢智慧，不論版刻，手稿識別浸潤，對先賢敬佩與個人版本感興趣，古籍辨識有所獲，更需要瞭解裝幀，因識古今書籍有涉略，就將個人所知以圖說簡述。引用前輩文論附之。本書附景宋本。

三民主義進入大陸的我見

海峽兩岸的出版品，彼此互印，是不容易扯得清的一件事，談論的已多。

大陸上整理古籍，如點校二十四史、清史稿、通鑑，若干子書、筆記、文集等，我們常會利用影印本。甚至新編的百科全書，改排成正體字（不是繁體字，請注意）也讓出版商大撈一票，不過也惹起幾番風雨。

我國古籍太多，如能妥爲規劃，加以整理，更能適合今天閱讀利用。我們所已做的，固然很有限。眼前所可做的，也不會多，和汗牛充棟的古籍，不成比例。

我們認爲可以用民間的力量政府也可資助，在香港、日本或美國，成立一個以至多個基金會，仿照早年哈佛燕京學社的辦法。資助大陸的大學、學術團體，以至個人。從事有計劃的整理古籍，並就地印行。

這些工作，我們不是不能做，大陸也做了一些。不過可以策群力加速進行。而大陸上的人力酬勞以及印刷、裝訂等費用，都要低得多，做起來費半而功倍。

三民主義根源於中華文化，而整理古籍，非常有助於弘揚中華文化。效果比雙方幾場體育競賽，開幾場研討會，以至開放探親，豈不大得多。而且其成果可以傳之久遠。這一工作如能推行，實在也是三民主義進入大陸的一條管道。不知有識之士，以爲如何？

三民主義進入大陸的我見　一

文史哲雜誌4卷3期1988年1月社論，〈三民主義進入大陸的我見〉「是正體字，不是繁體字」。建言政府相關單位歷經六年，終於正名為「正體字」。

第二章 「六一九砲戰」英雄

——從砲兵連計算士到榮民

民國四十八年七月，彭正雄高職畢業，半年後就要當兵，找工作當然就很困難，苦幹實幹的他也沒閒著。他去當大貨車的臨時搬運工，到內湖磚窯場搬磚，又到大同公司（在今中山北路三段）鐵工廠搬鋼鐵條。他記得，那段時間只要那裡有臨時工，再苦再粗重的工作，可以賺點錢，他都勇不退縮，甘之如飴。

這時他才二十一歲，前一年剛和韓游春小姐結婚，父親的腳踏車生意不好。為了家庭有個較佳的日子過，年輕的彭正雄確實吃盡苦頭，但他「吃苦當吃補」，都成為他日後奮鬥的養分。

半年很快過了。一九六〇年（民國四十九年）元月九日，彭正雄入伍當兵，先在新竹第二新兵訓練中心受訓兩個月。大家都知道新兵日子難過，對「吃得苦中苦，方為人上人」的彭正雄而言，他視為一種自我磨練和成長的機會，當然深得部隊長官器重。結訓時他成為砲兵之一員，砲兵是軍隊諸多兵種中，屬於較優秀的兵種，筆者亦砲兵出身。

是故，同年三月五日，他再被分發到台南三分子砲兵訓練中心，接受為期八週的砲兵專長訓練。大約五月初，受完砲訓的彭正雄先抵達金門料羅灣，再轉小金門（烈嶼）砲兵連擔任計算士。

何謂「計算士」？工作是什麼？一個砲兵連的基本編組，區分觀測、通信、測地、射擊指揮所、砲班五部分，必須五者合成合作方可使砲彈擊中目標。射擊指揮所內有水平手和計算手（即計算士），根據各組提供資料，計算出目標的方向和仰度，下達給砲陣地，發射砲彈，摧毀目標。冥冥之中，已安排了彭正雄要參與一場驚天動地的砲戰。

壹、「六一九砲戰」前的政治環境和背景

一九六〇年（民國四十九年）六月十八日，是中國現代史上不論是非好壞，都是兩岸關係極重要的一天。這一天，美國第三十四任總統艾森豪（Dwight David Eisenhower）訪問臺灣。（註①）為表示對中華民國的支持。

當時兩岸關係國共雙方都採「有限戰爭」模式。在艾森豪前一任的杜魯門總統，對蔣介石政權採「不准反攻大陸」政策，並由第七艦隊管控臺灣海峽，國軍完全沒有

機會主動發起軍事行動，小規模也沒機會。

艾森豪總統則不一樣，他不反對國軍的小規模軍事行動，他甚至令第七艦隊「半撤退」，離開臺灣海峽，讓國軍行動方便。這是艾、杜兩位美國總統對台政策的差異，艾森豪就是在這樣背景因素下，六月十八日，七十歲的艾森豪，從太平洋第七艦隊旗艦「聖保羅號」上，搭乘陸戰隊一號直升機到松山機場。七十三歲的蔣公著軍裝與妻宋美齡到場迎接，之後有兩次會談，簽署《聯合公報》，重申《中美共同防禦條約》，該條約簽署於一九五四年十二月。

艾森豪訪台，中共必須有所反應，乃於六月十七和十九兩日，對大金門、小金門和大二膽全面砲擊。是時，二十二歲的青年充員兵在小金門三十三師的砲兵連任計算士，他參與了整個砲戰過程，戰後一切都成了歷史，再也無人提取。直到半個多世紀後，偶然的政治炒作下，「六一九砲戰」歷史上了時代舞台的中央，乃至成為各界爭論之「顯學」，當年參與砲戰的英雄們，政府給了他們「榮民」的尊號。然而，此時多數英雄已不在人間，彭正雄可能是極少數可以為世人見證這場戰役的見證者，二〇一六年《軍事家》雜誌，由記者田立仁專訪紀錄，彭正雄口述〈小金門六一九砲戰親歷記〉。（註②）這是一篇「彭老英雄」的口述歷史，為現代與後世的人見證一段大時代中的戰役，記取經驗或教訓，珍惜難得的和平空間。

貳、彭正雄的口述歷史

根據彭正雄的口述歷史，一九六〇年時，大小金門已經部署好美國援助國軍的二四〇公厘M1型砲、一五五公厘榴彈砲和一〇五公厘榴彈砲，並構築了地下工事。但大、小金門砲兵指揮官的開砲權限不同，由於大二膽和小金門更接近共軍，反應時間很短，戰時或天候不佳，通訊常被干擾中斷。因此小金門和大二膽的砲兵指揮官，遭遇敵人攻擊時可不待上級指令，獨立判斷是否採取適當的還擊作為；但據說，大金門的還擊必須報告國防部或參謀本部，批准後才能還擊。

「六一九砲戰」前，中共已不斷心戰廣播，本來小金門前線因訊息封閉，新聞都

晚很久才知道。但對岸大規模的心戰廣播，讓小金門的軍民知道了艾森豪總統訪台，更被共軍預告要展開砲擊！於是官兵都嚴陣以待。到六月十七日晚上，共軍開始砲擊，一陣陣轟隆巨響傳入彭正雄耳裡，他知道大戰開始了，他從陣地內碉堡的觀測孔看出去，對岸砲彈形成一片片火網劃過黑夜，一波又一波的砲彈，不停息的向小金門撒下來。砲兵連的射擊指揮所內，有連附（軍官）、水平手和計算手，尚未得到開砲命令，計算手彭正雄只能在碉堡內，完成所有關於「目標」的計算工作，準備並待命下達「射擊口令」。

彭正雄發現一個奇怪的現象，共軍砲彈不打我方部隊陣地，而是飛越小金門我砲陣地上方，落在小金門南方的海灘海面上。顯然共軍只是想示威一下，只有少數意外砲彈會落在小金門陸地，也都落在無人地帶，很明顯是不想打傷或打死人！這是很奇怪的戰爭！甚至可以進一步質問，這算是「戰爭」嗎？

到了六月十八日早上，共軍停止砲擊。彭正雄利用白天從碉堡觀測孔用望遠鏡看出去，發現共軍竟然直接將火砲從掩體拉出，在海灘上放列一字排開。為何會有這種大膽舉動？彭正雄猜想有兩個原因。第一是從一九五八年「八二三砲戰」以來，金門國軍挨砲從不還擊，以避免升高兩岸戰爭。所以共軍以為這次猛烈砲擊，國軍砲兵也不會還擊，就大膽把火炮放列在開闊的海灘地帶，想對國軍展示他們的武器和士氣。第二個原因，可能是當初他們砲陣地原已計算打小金門陸地上，這次要更遠打到小金門南方海灘海面上，砲位就得臨時向前推移，放列到海灘上，才可以讓砲彈落在海灘海面的無人地帶，達到不打死（傷）人的目的。

到六月十七日日夜，共軍又對小金門展開猛烈砲擊十萬多發砲彈，六月十九日這回我砲兵連指揮所很快接到師部（33）的射擊命令，所有劃定我單位的射擊目標點，這位彭計算士老早計算並準備好，下達全連射擊口令，也猛烈對共軍展開砲擊。當然依上級命令，也只打在對岸無人地帶，以示「禮尚往來」，共軍見我方還擊，很快又將火砲撤回陣地內。後來聽說這場砲兵戰役，光是小金門和大二膽，國軍打了三萬多發砲彈給共軍當「還禮」。

按彭正雄所述，小金門當時另有二四〇公厘榴彈砲和一五五公厘榴彈砲之砲兵單位，但只有彭正雄單位的一〇五公厘榴彈砲單位受命還擊。開砲時也都打在無人地帶，為什麼雙方都這樣打仗？只有兩個原因可以解釋，一是都不想升高戰爭規模，二是大家都是同胞，都不忍心對自己同胞下重手，打死打傷都不願意吧！

參、田立仁先生按及其他報導

《軍事家》雜誌的專訪記錄田立仁先生，在該文有補充短文。他說，按照彭先生的口述，或可證實當時國軍只有大金門的砲兵部隊，在司令官劉安祺命令下，未依「大金門守軍還擊前必須先向台北請示」之規定，不僅當機立斷先斬後奏，動用了美製的二四〇公厘榴彈砲，砲擊共軍陣地造成傷亡。

有先斬後奏權的小金門一〇五砲兵，則打在對岸無人地帶，刻意不要製造傷亡。或許有這樣鮮明的對照，才有後來說劉安祺將軍用傳統武器打了「原子彈」，歪打正著的使北京搞不清楚，是否國軍有升級成原子戰爭的意圖！此後共軍再也沒有進行大規模砲擊。但台北國防部曾有以違反軍令為由，要懲處劉安祺司令官的聲浪。

田立仁先生提出，國防部曾有要懲處劉安祺司令官的聲浪，中共誤以為國軍打原子砲，這些都只是一種說法，難以提出有力證據，也只能持續在民間流傳著。待有心的史學或軍史家去考證，或許有揭開神秘面紗的一天。

根據網路資料，這場砲戰的經過，六月十七日下午共軍砲兵對金門各地區島嶼全面砲擊五十分鐘，落彈三萬多發。十八日零時起，再砲擊四十五分鐘，落彈五萬多發；十九日再砲擊，落彈九萬多發。共軍三日對我方砲擊，共落彈十七萬多發砲彈。

十九日上午七時四十五分，艾森豪離去，金防部全力反擊，發射砲彈四千多發。

此役，我方有七名官兵陣亡，我方摧毀共軍火砲陣地二十七座，火砲十九門和彈藥庫五座。

肆、國防部、立法院對「六一九砲戰」參戰者說明和處理

歷史總是讓人難以預料，有些古老往事又「從天上掉下來」。戰後半個多世紀，當年參戰官兵很多已移民西方極樂世界，尚未移民者都是公祖級老人家。藍綠大門法過程中，竟又將「六一九砲戰」搬上舞台，極少數尚在人間的參戰者成為媒體注目的焦點人物，國防部和立法院被迫針對問題處理，各黨派政治人物緊抓這個機會表演，以謀取最大政治利益。

二〇一六年（民國一〇五年）元月七日，國防部首先表示，已在本月五日，修頒「金門馬祖民防自衛隊及其他關係國家安全重要戰役參戰核認作業規定」，將民國四十九年參加「六一九砲戰」人員，依該規定，向戶籍所在地鄉鎮公所提出申請，彙交國防部查認核定。由於年代久遠，很多

金門 619 砲戰反共有功　臺立法照顧參戰人員

國防部人次室人事勤務處處長董培倫上校 4 月 12 日表示，民國 49（1960）年共軍對金門地區實施砲擊，金門駐軍徹底壓制共軍砲火；國防部已啟動辦理身分核認作業，這些人可依法提出申請享有榮民就醫、就養等國家照顧。（國防部發言人臉書）

更新: 2016-04-13 2:35 AM【大紀元 2016 年 04 月 12 日訊】中華民國立法院日前修法，將曾參加過金門 619 炮戰的官兵和金門、馬祖民防自衛隊員，視為榮民照顧。國防部 4 月 12 日表示， 民國 49（1960）年共軍對金門地區實施砲擊，金門駐軍徹底壓制共軍砲火；國防部已啟動辦理身分核認作業，這些人可依法提出申請享有榮民就醫、就養等國家照顧。

榮民是中華民國對退伍軍人的尊稱，國防部 4 月 12 日舉行例行記者會，國防部人次室人事勤務處處長董培倫上校表示，民國 49 年 6 月 17 至 19 日，共軍對金門地區實施砲擊，我金門駐軍英勇作戰，積極奮力反擊，徹底壓制敵砲火，使共軍不敢輕越雷池一步。

董培倫說，該場戰役名稱為「金門 619 砲戰」，當時不僅鞏固臺、澎、金、馬之安全，並確保後續臺海和平，屬臺海保衛戰之範圍，國防部已核認該砲戰為關係國家安全重要戰役。

他說，為感佩「金門 619 砲戰」參戰官兵、金馬自衛隊員，於戰役期間積極參戰、保衛臺灣安全之犧牲奉獻精神，應給予適切、合理照顧，是以「國軍退除役官兵輔導條例」第二條文將其納入政府服務照顧對象。

董培倫表示，申請對象包括金門 619 砲戰期間（49 年 6 月 17 至 19 日），直接參加作戰之退除役官兵，及曾於作戰區直接參加作戰之金馬自衛隊員（年滿 16 歲至 50 歲之男子，及 16 歲至 35 歲之女子）。他說，國防部估計當年的參戰官兵約有 1,500 人，目前有 14 人提出申請；金馬自衛隊員則有 800 多人，有 559 人審認為榮民。

彭正雄：
陸軍步兵新竹訓練中心 49.01.09 入伍　第 204 梯次
陸軍砲兵訓練中心 49.03（台南三分子）第二梯次
小金門戰地砲兵計算士(49.05.01-51.01.12)
33 師埔光砲兵連　陣地小金門司令部山腰下
兵籍天 271824 ?

文件、證據可能早已不在，加上有不少已是西方「先行者」。因此，查認作業是有不少難度，直到同年四月十二日的報紙有了肯定的訊息報導。（註③）立法院表示已經修法，將曾參加過金門六一九砲戰的官兵、金門和馬祖民防自衛隊員，依法確認為「榮民」身份。同日，國防部亦舉行記者會，人次室人事勤務處處長董培倫上校表示，民國四十九年六月十七至十九日，共軍對金門地區實施砲擊，我金門駐軍英勇作戰，積極奮力反擊，徹底制壓共軍砲火，使共軍不敢輕越雷池一步，確保台海地區安全。

按董上校說，該場戰役正名為「金門六一九砲戰」，當時

報　告

主旨：敬請查核彭正雄昔日參加〔619 金門炮戰〕33 師埔光部隊炮兵連計算士兵籍資料，並煩賜覆，確認本人為〔榮民〕身份為禱。

說明：

一、2016年4月12日立法院修法：略以〔將曾參加金門619 炮戰官兵，視為榮民照顧〕。

二、同年 4 月 12 日國防部人事參謀次長室人事勤務處處長董培倫上校表示：國防部已啟動辦理身份核認作業，這些人可依法提出申請享有榮民就醫、就養等國家照顧。

三、當時本人彭正雄服役資料

49.1.9.入伍(204 梯次)分發陸軍步兵新竹訓練中心。

49.3 月分發陸軍砲兵訓練中心(第二梯次)砲兵專業受訓(台南三分子)。

49.5.～51.1.12.在 33 師埔光部隊砲兵連任計算士，駐紮小金門司部山腰下，當時師長兼小金門司令為郝柏村將軍。

四、本人參加 619 金門炮戰服役資料及軍籍證件，年代已久，均無保存，煩請代為查核賜覆，俾確認本人具備〔榮民〕身份。

五、彭正雄：

身份證字號：A100126760

戶　　籍：台北市中正區南福里 24 鄰羅斯福路一段 38 號 9 樓

電　　話：02-2351-1028

E-Mail：lapen@ms74.hinet.net

通　信　處：台北市羅斯福路一段 72 巷 4 號

謹呈

國防部作戰參謀本部人事參謀次長室

彭　正　雄　謹呈

民國 105 年 6 月 6 日

不僅鞏固台、澎、金、馬之安全，並確保後續台海和平，屬台海保衛戰之範圍，國防部已核認該砲戰為關係國家安全重要戰役；為感佩「金門六一九砲戰」參戰官兵、金馬自衛隊員，於戰役期間參戰者，應給予適切、合理照顧。依「國軍退除役官兵輔導條例」第二條規定，將其納入政府照顧對象。

此項申請對象，包括「金門六一九砲戰」期間（民國四十九年六月十七至十九日），直接參加作戰之退除役官兵，及金馬自衛隊員（年滿十六至五十歲之男子，及十六至三十五歲之女子）。國防部估計當年參戰官兵約一千五百人，已有十四人提出申請，金馬自衛隊員有八百多人，已有五百五十九人審認為榮民。

伍、英雄到榮民：彭正雄的「國防部作戰參謀本部人事參謀次長室」呈文

幾個月來，政治人物的鬥法，媒體拼命炒作，喚醒彭老英雄的回憶，那是五十六年前的往事了，英氣煥發的二十二歲，親身接受一場戰火的洗禮。這種洗禮不能拒絕，無從抗拒，確也是千載難逢，你被迫要成為一個英雄，擔起一個時代的使命。本來早已不放在心上的往事，如今從天上掉下一個榮譽，得到「榮民」認證，當然就是要爭取這份榮譽。

民國一〇五年六月六日，彭正雄呈「國防部作戰參謀本部人事參謀次長室」一文。

主旨：敬請查核彭正雄昔日參加「金門六一九砲戰」33師埔光部隊砲兵連計算士兵籍資料，並煩賜覆，確認本人為「榮民」身份為禱。其說明有五：

一、二〇一六年四月十二日立法院修法，略以「將曾參加金門六一九砲戰官兵，視為榮民照顧」。

二、同年四月十二日，國防部人事參謀次長室人事勤務處處長董培倫上校表示：國防部已啟動辦理身份核認作業，這些人可依法提出申請，享有榮民就醫、就養等國家照顧。

三、當時本人彭正雄服役資料：

（一）民國四十九年一月九日入伍（二〇四梯次），分發陸軍步兵新竹訓練中心。

（二）同年三月，分發陸軍砲兵訓練中心（第二梯次），受砲兵專長訓練（在台南三分子）。

（三）民國四十九年五月，到五十一年一月十二日，在33師埔光部隊砲兵連任計算士，駐地在小金門師部山腰下，當時師長兼小金門司令為郝柏村將軍。

（四）本人參加「金門六一九砲戰」，服役資料和軍籍證件，年代已久，均無保存，煩請代為查核賜覆，俾確認本人具備「榮民」身份。

（五）彭正雄現在戶籍資料：（本書從略）

同年八月十八日，國防部經過兩個月的查證，終於核覆，彭正雄從這天起正式具備「榮民」身份。這是國家給有功於國家的一種「尊榮」，實際上也享有就醫就養等各種利益。而其精神意義上的最高價值，筆者以為正是一種「英雄認證」，因為兩年充員兵是不具備榮民資年格的，唯「金門六一九砲戰」參戰者得享殊榮。這是他對國家民族的貢獻，更是他人生的最高意義和價值。

民國49年4月17日於砲兵訓練中心受訓8週，結訓時攝於台南三分子營區之105榴彈砲前。民國49年619砲戰彭正雄任計算士以此105榴彈砲，指令砲擊對岸。

小結

大約彭正雄在小金門參戰、退伍後，經過漫長的三十年後，民國七十八到七十九年間，筆者也輪調到小金門，接任砲兵六三八營營長（屬金防部砲指部）。現在又有機會寫彭正雄在小金門的輝煌戰史，誠然也是千載難逢之因緣。

上圖：民國四十九年七月三十日攝於小金門文康中心。與33師砲兵連兩位長官及戰友謝忠正合影留念。

下圖：33師砲兵連觀測班班長劉玉祥先生。在小金門軍營承蒙劉班長關心愛護。民國51年回防在彰化田中埔尾。元月十四日退伍劉班長贈與照片留念。並賜嘉言：「忍耐才是您真正事業成功的要訣，望共勉之」。

本文主要追述彭正雄先生的青年時代，他當兵碰到的「金門六一九砲戰」，當戰爭找上你時，你不能畏戰，你要勇於赴戰。筆者深感一個人的事業不論多麼成功！有多大的財富（如王永慶那麼多）！若無對國家、民族、社會做出一點貢獻，人生的意義和價值是極大的減損。而這種對國家民族社會的貢獻，彭正雄在人生的起步階段（或起步前），竟已「功德圓滿」的完成。

戰後，他要對國家、民族和社會，獻上另一種層次更高的貢獻「文化」。他是一名文化戰士、文化出版人，這裡沒有砲聲轟隆，也還是一種戰場！

註釋

① 艾森豪（**Dwight David Eisenhower, 1890~1969**），美國第三十四任總統（任期**1953-1961**）。一九六〇年六月十八、十九訪台兩天，在圓山飯店住一晚上，他也是二戰時期歐洲盟軍統帥，一九一一年考入西點軍校，軍職時間四十多年。

② 田立仁採訪記錄，彭正雄口述，〈小金門六一九砲戰親歷記〉（**An Oral History of the 619 Artillery Battle**），《軍事家》雜誌（台北，二〇一六年六月），頁一〇七－一〇八。

③ 見二〇一六年四月十二日，國內各報紙報導。

第三章 在學生書局「磨劍」經過和發現

苦幹實幹的彭正雄打完了《金門六一九砲戰》，退伍返鄉回到溫暖台北的家，上有二老，妻子年輕，他當然急著想有個工作，才能撐起一個溫馨、甜蜜的家園。再者，他高商畢業，很想試試自己的身手。

民國五十一年才退伍不久，他在台北學生書局找到了工作，會計、編輯兼打雜。此後的九年多，他一直在學生書局「磨劍」，他努力的磨，他知道有一天會用到「劍」。磨劍之外，也還有不少辛苦的歷練，在這人生起步階段，只能說「合理的是訓練、不合理的是磨練」。而不管是訓練或磨練，都是彭正雄人生過程中重要的經驗，進而內化成散發光熱的智慧。本章就略說這段學生書局時期，他的學習經過和發現。

壹、三更半夜踏三輪車的日子

彭正雄退伍後，知道他父親經商失敗欠債兩萬元，他在學生書局工作，從上午九時到晚上九時，工作時間長達十二小時，月薪六百五十元。這筆錢只能勉強一家三口基本生活，要替父還債，就得另謀他途。

民國五十一年三月開始，他在晚上九時下班後去踩三輪車載客。那個年代沒有計程車，只有極少富人開轎車，彭正雄專跑和平西路到和平東路二段，成功新村是軍官宿舍，明星戲院看完戲的軍官婦人回宿舍，坐三輪車一趟是台幣五元。他從晚上九點踏車到午夜三小時可賺四十五元，扣除租車費，一個月有一千元收入。

在重要的節慶（如光復節等），從晚上載客到凌晨兩點，五個小時則收入達二百二十元。就這樣勤奮不懈工作近一年，父親的債就快還一大半，被父母發現這孩子竟「暗地裡偷偷地」幹苦活，夜以繼日工作很傷身，心中不捨與再也不准他踩三輪車了。彭正雄說他年輕身體力壯，感受他的孝心可以承擔這樣的磨練，筆者寫到這裡，忽然覺得可以叫他「無敵鐵金鋼」。因為他今年（二〇一八）八十歲，還經常為出版、編務或義務幫朋友幹活，時常熬夜做到凌晨，這可能是從年輕就修煉所得的功力。

沒有三輪車可踩，勢必少了一份收入，為免除父母擔憂，自我損害身體。彭正雄又想到另一個賺錢辦法，他學的是會計，可以幫其他公司做帳。就這樣，他曾經幫好幾家公司做帳，這種工作時間比較有彈性，每月收入和學生書局月薪差不多，他有很長時間領的是「雙薪」。不過他最主要的練功場域，還是在學生書局的工作，他發現自己的興趣就是編輯和出版，要努力學習，好好發揮，讓興趣成為專業，乃至專家。

貳、在學生書局的學習和成果

一九六〇年三月學生書局成立，發起人是劉國瑞、馬全忠和任培貞三位。一九六八年七月時，股東有：劉國瑞、馬全忠、馮愛群、盧惠如（孫克剛將軍夫人）、許志傑、李才傑、盧建、任培貞、羅奉來、楊邦畿、鮑家驊、薛維、丁文治、王啟宗、王隆芝。彭正雄的苦幹實幹精神，認真的學習態度，始終受到這些老闆們的欣賞和器重，董事馮愛群當時是革命實踐研究院長官，與淡江大學創辦人居正交情很好，推薦彭正雄半工半讀去念淡江大學。

結果老實的彭正雄答說：「學生書局目前人手和財力不足，我一人可以當三人用。假使去念淡江大學，老闆的負擔加重，會影響書局生計和未來發展。」好多股東們都非常感動。

當時學生書局以出版景印古籍、經典和學術著作為主，彭正雄像海綿一樣，店員、會計、編輯、業務和古籍研究，他對中國歷代經典整理及目錄版本愛好。這段時期，他曾受教於台大教授吳相湘。（註①）吳相湘受教於傅斯年和胡適，彭正雄能不說是傅斯年和胡適之「徒孫」乎？

此外，毛子水、鄭騫、高明、戴君仁、夏德儀、昌彼德、林尹等著名學者，都是彭正雄經常請益問道的老師。（註②）這些都是一代名家，如毛子水亦是中國歷史學家，曾任台大教授。（註③）可以這麼說，彭正雄受教於這些當代大師，集各家之所長於一身。所以在學生書局他經手編輯出版，也都是經典之作，如吳相湘主編的《中國史學叢書》、余光中主編的《英美文學譯叢》、林海音主編的《純文學》、政大中文所主編《國學要籍叢刊》、昌彼得主編的《歷代畫家叢刊》、包遵彭《明史論叢》、孫克寬《分體詩選》。其他如《曾文正公手寫日記》、《曾惠敏公手寫日記》、《湘鄉曾氏文獻》、《國立中央圖書館館刊》、《廣西方志叢刊》、《雲南方志叢刊》、《湖北方志叢刊》等。這些還僅是記憶所及，以上凡稱「叢」，動則數冊，乃至數十冊都有，數量龐大之成果，盡是他「磨劍」所得，也為未來創業打下深厚的基礎。

參、發現曾文正公遺漏的兩年日記

曾國藩，曾文正公，我國清代名臣。「曾文正公日記」，自道光二十一年（一八四一年），到同治十一年（一八七二年），他堅持每天寫日記三十一年，詳述自己大半生歷程，總計達四十冊。二〇一〇年四月，北京時代華語圖書公司和鳳凰出版社，合出了煌煌十二巨冊。

但這批曾國藩的手寫日記，應是隨著曾國藩的嫡系曾孫、曾國藩二兒子曾紀澤長孫曾約農來到臺灣。曾約農也是臺灣東海大學首任校長、教育家和國策顧問。（註④）彭正雄和曾約農有一段因緣和發現。

民國五十四年三月，學生書局派彭正雄到國策顧問曾約農府上，任務是整理、編輯一批「湘鄉曾氏文獻」，為期約半年。彭正雄回憶，在曾府桌上看到一個很大信封，上面印了一個很大的「蔣」字。彭好奇問了朱副官（曾寶蓀國代之副官），說是蔣公給曾公要寫的青年節文告，後來方知元旦、青年節、國慶日等重要節日需要的文告，都是曾約農和曾寶蓀姊弟所寫，真是一代大學問家。另有一回，彭正雄在曾府編輯曾氏文獻時，張少帥正在曾府作客，彭正雄也禮貌性的向他請安致候。

按彭正雄記憶所述，所謂「湘鄉曾氏文獻」，是很龐大數十大箱的各種文獻、資料、器物等，其中最重要是一大批「曾文正公手寫日記」。且依曾約農先生說，這日記數十年來就少了兩年，不知為何找不到！

在曾府的任務快結束前一個月，整理幾個古老木箱內的文獻資料，發現了遺失很久的「曾文正公手寫日記」，正是要找尋的那兩年。這兩年是曾國藩湘軍作戰期間，所寫「綿綿穆穆室日記」，兩個手冊大小如今之手機，用好幾層紙包裹著，紙色早已泛黃並有黑點，不仔細看還以為什麼不重要東西。彭正雄把發現的「寶物」呈給曾先生，他大喜跳躍說：「遺失百年的日記，終於找到了。」曾公很高興，以為彭正雄是師大畢業才認識這些寶貝，彭正雄說是自學認識的。後來「綿綿穆穆室日記」及「湘鄉曾氏文獻」（文獻目錄由故宮張編纂編寫出版，正雄當年札記被丟棄相同），曾公寄存在臺北的國立故宮博物院。

曾府任務彭正雄整理「湘鄉曾氏八本堂」，資料總共有好幾十箱。同年十一月，學生書局出版了《湘鄉曾氏文獻》十冊，這是彭正雄努力半年的成果。

對於出版業務的整套流程，彭正雄不斷用心精進。從商品獲得和選品、整稿、編輯、成本會計、利潤分析、印製廠監督，乃至作品的美觀設計，到市場觀察和行銷，他都用心深入研究。

肆、誰創辦的《純文學》月刊？要改寫文學史了

誰創辦了《純文學》月刊？這是一個簡單的問題，知之為知之，不知問無所不知的「谷哥 Google」。谷哥說，林海音女士於一九六七年創辦《純文學》月刊，並負責主編。從一九六七年元月到一九七一年六月，共發行了五十四期。後因自感心力交瘁，由學生書局劉守宜接辦，從一九七一年六月到一九七二年二月，發行了八期。前後共發行六十二期，一九六八年林海音也成立「純文學出版社」。（因雜誌免稅，當時蔣經國行政院行政令，為雜誌社出書要課稅，故要另登記出版社，政府依法便於課稅）

但關於林海音創辦《純文學》月刊，另有一說，她在當「聯副」主編時，有位叫王鳳池的作家在「聯副」發表一首〈故事〉詩，因詩的內涵有影射蔣公的意思，她辭去「聯副」主編，才創辦《純文學》。先賞讀〈故事〉一詩。（註⑤）

> 從前有一個愚昧的船長，
> 因為他的無知以致於迷航海上，

船隻飄流到一個孤獨的小島；
歲月悠悠一去就是十年時光。

他在島上邂逅了一位美麗的富孀，
由於她的狐媚和謊言致使他迷惘，
她說要使他的船更新，人更壯，然後啟航；
而年復一年所得到的只是免於飢餓的口糧。

她曾經表示要與他結成同命鴛鴦，
並給他大量的珍珠瑪瑙和寶藏，
而他的鬚髮已白，水手老去，
他卻始終無知於寶藏就是他自己的故鄉。

可惜這故事是如此的殘缺不全，
以致我無法告訴你那以後的情況。

民國五十二年四月廿三日聯副

後記：讀古希臘荷馬（Homer）

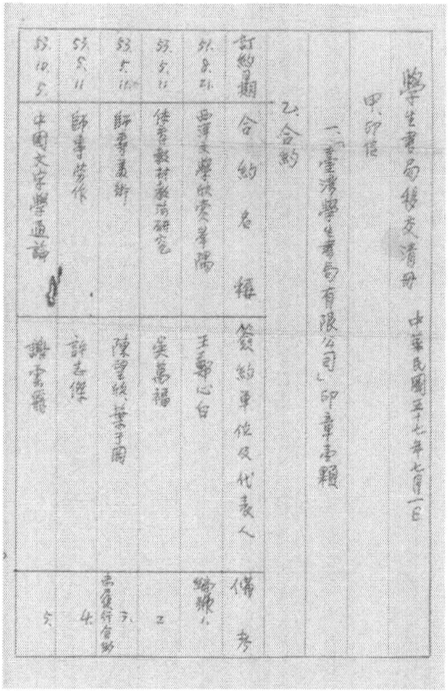

學生書局移交清冊　中華民國五十七年七月一日

甲、印信

一、「臺灣學生書局有限公司」印章壹顆

乙、合約

訂約日期	合約名稱	簽約單位及代表人	備考
54.8.21	西洋文學欣賞舉隅	[illegible]	1.
53.5.11	使者數材教法研究	吳萬福	2.
53.5.10	師專美術	陳寶[illegible]、葉子[illegible]	3. 未履行合約
53.5.11	師專勞作	許志傑	4.
53.10.5	中國文學通論	謝雲飛	5.

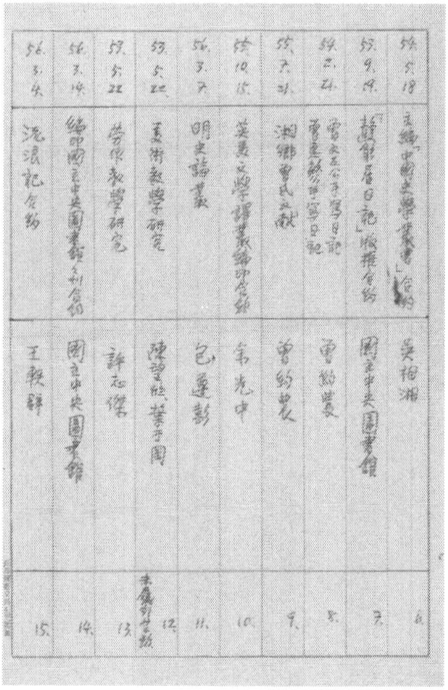

訂約日期	合約名稱	簽約單位及代表人	備考
54.5.18	主編「中國史學叢書」合約	吳相湘	6.
55.4.19	「越縵堂日記」版權合約	國立中央圖書館	7.
54.2.24	曾文正公手寫日記、曾惠敏公手寫日記	曾約農	8.
55.7.21	湘鄉曾氏文獻	曾約農	9.
55.10.15	英美文學譯叢編印合約	[illegible]	10.
56.3.7	明史論叢	包遵彭	11.
53.5.20	美術教學研究	陳寶[illegible]、葉子[illegible]	12. 未履行合約
57.5.22	勞作教學研究	許志傑	13.
56.3.14	編印國立中央圖書館刊合約	國立中央圖書館	14.
56.3.4	流浪記合約	[illegible]	15.

史詩《奧德賽》（Odyssey），有感而作〈故事〉新詩一首，投寄聯副，五日見刊。警總認係影射總統，裁定感訓三年。

作者身心受創，固在少不更事，不知避嫌所致。而聯副前主編林海音女士，無辜連累去職。對林女士言，作者實在罪孽深重，百身莫贖。三十餘年來，午夜夢迴，猶自砰然心動。每欲負荊請罪，又恐對林女士造成二次傷害，未敢造次。箇中苦惱，不足為外人道也。

作者對林女士深感歉疚，不知將如何補過？每念及此，內心輒愧怍惶恐，激盪不止，惟有默禱林女士健康長壽，幸福安寧而已。

八十五年四月十五日鳳池記於

中和市素雲樓

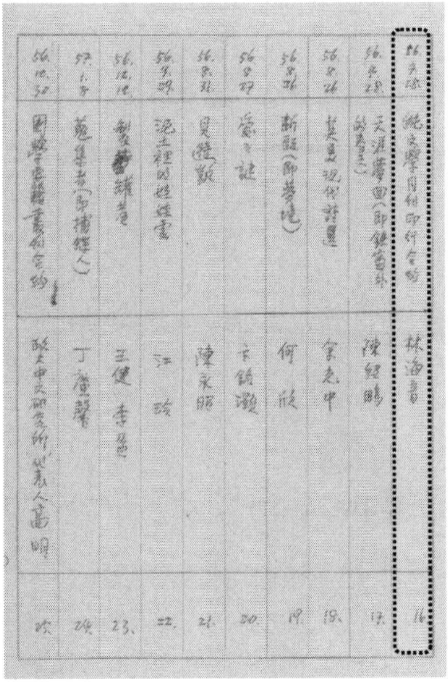

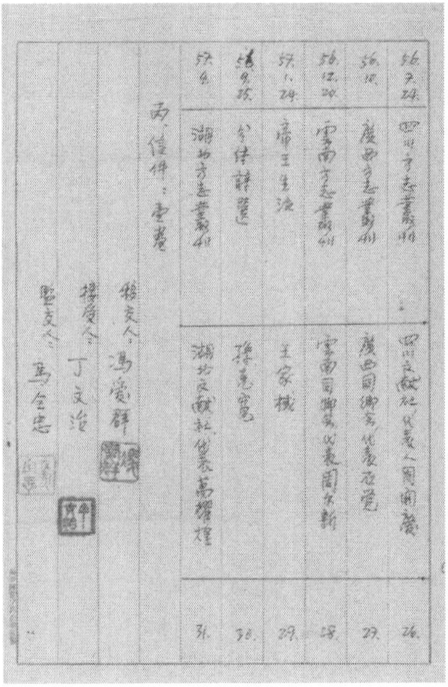

這首詩和林海音去職或許有關，但是否因而辦《純文學》月刊？則欠缺合理性的支持，詩發表在民國五十二年四月，辦《純文學》是五十六年的事，中間相隔四年。所以聯副發表〈故事〉一詩，和辦刊無關，也無法解釋林海音因「去職」而辦刊。

根據彭正雄在學生書局的了解和證據，《純文學》月刊並非林海音創辦。按〈學生書局移交清冊〉（如附印），民國五十六年四月二十八日，有「純文學月刊印行合約」，林海音以「代表人」簽約。

這份文獻是當時民國五十九年，經理把彭先生所整理編輯「湘鄉曾氏八本堂」（五十四年出版《湘鄉曾氏文獻》）的筆記，一起丟棄當時店面前環保水泥製成垃圾箱內獲得，但是彭先生筆記已被清潔員清理掉了大半，從中獲得的文獻保存了近五十年，今公開重要文學史資料。

按彭正雄所述，一九六六年《傳記文學》發行人劉紹唐先生，來拜訪學生書局發行人劉國瑞先生，談《傳記文學》經營艱辛，想轉讓學生書局由劉國瑞經營（**開玩笑吧**）。但劉國瑞認為《傳記文學》未來大有前景，勸他再經營下去，困難只是一時的，果然後來在文學市場有一大片江山。這是劉國瑞的眼光，他看出那個年代的人需要好的「精神糧食」，文學就是最好的精神糧食，而文學若可以是「真」文學，很「純」的文學，「純糧」對人更好！

於是，劉國瑞找到唐達聰、劉守宜，共商要創辦一份「真」的文學雜誌。（註⑥）因為劉守宜辦過「文學雜誌」，加「純」字，定名為「純文學」。筆者判斷，那個年代的作家可能受政治影響太深，寫出的文學作品「不純」，政治語言太多，甚至只是政治宣傳品。因此，有文學理想的人才要辦「純文學」，給人一種正常而單純的精神糧食。

學生書局於一九六七年元月，創辦《純文學》月刊，由劉國瑞發起人，學生書局提供新台幣六萬元，聘請林海音任發行人先發行三期，從第四期之後再交新台幣六萬元（二〇一八年三月七日彭訪問劉國瑞發起人得知此金額）繼續請林先生發行自行負責。當時彭正雄每週一到三上午，要到重慶南路三段三十號「夏宅」，兼任《純文學》會計業務（含打雜），協助林海音編輯《純文學》月刊，為期六個多月。

後來彭正雄成立了自己的「文史哲出版社」，當時林海音負責的純文學出版社出書很多，彭為圖書館採購，都給特別優待折扣，這是要感謝林海音之處。

註釋

① 吳相湘，湖南省常德人，一九一二年生，逝世於二〇〇七年。北京大學歷史系畢業，早年受教於傅斯年、胡適，是中國著名的歷史學家。來台後任教於臺灣大學，著作有《晏陽初傳》、《晚清宮廷實記》、《民國百人傳》等。

② 封德屏主編，《臺灣人文出版社30家》（台北：文訊雜誌社，二〇〇八年十二月）。

詳見徐開慶，〈只取這一瓢飲：文史哲出版社〉一文，頁二八七—三〇〇。

③ 毛子水，浙江衢州江山縣人，生於光緒十九年（一八九三），逝世於一九八八年。中國歷史學家，曾任北京大學、臺灣大學教授。

④ 曾約農，湖南湘鄉人。生於光緒十九年（一八九三年）農曆十月十七日，逝世於民國七十五年十二月三十一日。他是曾國藩的嫡系曾孫，曾紀澤長孫。自幼博通經典，卓爾不群，弱冠考取第一屆庚子賠款赴英留學，在倫敦大學攻讀礦冶，畢業再入劍橋皇家礦冶研究所。民國時期，曾約農與堂姊曾寶蓀在長沙創辦「長沙藝芳女子中學」，抗戰勝利後創辦「湖南克強學院」。民國三十八年來台，任臺灣大學教授，後任東海大學首任校長（民國四十四—四十六年）、國策顧問等職。

⑤ 王鳳池，《素雲樓圖文集》（台北：文史哲出版社，一九九八年元月），頁三七—三九。〈故事〉一詩，原刊《聯合報》副刊，民國五十二年四月廿三日。王鳳池，一九二八年生於漢口市，陸軍官校二十四期，作家、詩人。

⑥ 一九七四年五月四日，聯合報系成立聯經出版社，董事長王惕吾、總經理劉國瑞、總編輯唐達聰，唐也是《經濟日報》副社長。知名的《王子》月刊，曾由唐達聰和學生書局共同經營。

劉守宜，美學大師朱光潛的學生，一生以出版、著書、授業為職志。一九五六年九月創辦《文學雜誌》，到一九六〇年八月停刊，共出版四十八期。《文學雜誌》之名，乃接續抗戰前朱光潛主編的《文學雜誌》而來，夏濟安任編輯，劉守宜任經理，宋淇負責海外約稿，吳魯芹掌財務，余光中負責新詩約稿。那個年代大家對文學都有一份理想，因為精神太飢渴了，遠離故土要有心靈寄託才行。

第四章 文史哲出版社早期經營模式與十年出版成果

有位作家叫「紅袖藏雲」在一篇文章說，民國六十年八月一日，臺灣退出聯合國當日，許多人擔心政局，好像逃難似的，舉家遷往海外。彭正雄卻執意選在這天，成立「文史哲出版社」。（註①）這不僅是對自己有信心，更是對兩岸未來有信心，彭正雄認為「文史哲出版社」未來所要做的，是出版中國歷代的文史哲經典，這是最重要的千秋大業。退出聯合國是一時的，中華文化傳承與宣揚則是一生永久性的使命。

民國六十年七月，彭正雄獲准從學生書局辭職。但他在這年二月二十二日，就先以「文史哲出版社」名稱，獲得台北市新聞處證照，規定的資本額九萬在各方幫助也得到解決。他離開學生書局時，老東家給他一批總定價約六萬元的書，作為他工作九年的離職金，他把這些書以六折賣給美國亞洲協會臺灣分會，所得新台幣三萬餘元。

「文史哲出版社」八月一日開幕，要出版印行圖書，應有甲存支票以開期票，當時銀行須要交易半年業績佳方給開戶，因認識資深立委劉階平（山東濰縣人），他是華南銀行總經理會計師顧問，以他的關係證明彭正雄信用，立即開戶，彭心中萬分感恩，誓言一定要經營起來，有了能力才能幫助人家。

順帶一提，當時經營出版社，依出版法規定須要登記。其實發行人只要初中畢業，總編輯要高中以上，但臺北市府新聞處對外說要大專院校畢業，新聞處有熟人告知。所以發行人就登記他太太韓游春，彭正雄自己登記總編輯，出版社終於按時成立。

壹、初期出版社經營模式

創業初始，由於財力上有很大的不足，無法選擇高成本多利潤的書，當然也有市場和風險的考量。他只能採行低成本模式經營，例如影印明版善本書，出版了《中國文史哲叢刊》，接著又影印殷商篆刻等藝術史料，這些東西都是中國古代經典，在那朝野熱心於「復興中華文化」的年代裡，確實有些小小的市場，賺取一些微利。

創業後的第四個月，民國六十年十一月，出版了陳新雄教授的《音略證補》一書，有很好的銷路，每年再版，這本書可以說打下文史哲出版社第一年的營業基礎。但陳教授這本書原是要給學生書局出版，多次去都找不到可以「對口」的人，陳教授就是要去找彭正雄，都未獲彭正雄已離職的訊息。最後陳教授終於發現，彭正雄已另創辦文史哲出版社，他就給彭正雄出版，真是「天佑文史哲出版社」。

賺到一點錢後，彭正雄就想到可以助人的地方。大作家無名氏（卜乃夫）在一篇文章提到，早在廿九年前（民國61年），各大學的碩、博士論文，即使自費多數出版社也不願意印行，因為沒有賺頭。彭正雄知道後，總說：「拿來，文史哲願意替你出。」（註②）當時一本論文，學校只有四千元助印費，彭正雄並不在意，就算賠錢印，也會幫忙助印，數十年來竟印了三、四百本碩博士及學術論文。無名氏在文章中還提到，有些已出名的學者來印論文，可以出得起較佳印費，彭正雄仍給予價格上的照顧。如龔鵬程、黃永武這些名學者，早年博士論文悉由文史哲印，龔鵬程在《四十自述》還提到此事，對彭表達感謝之意，無名氏則稱彭之義助是難得的俠氣。

民國六〇年代，印行中國古籍經典的出版社，還有學生書局、文海出版社、藝文印書館，這雖是一個小眾市場，競爭依然是很激烈的。這當然是好現象，一者顯示市場的活絡，

再者競爭才更能促成進步，迫使經營者投入心力，找到屬於自己的發展路線。彭正雄當然清楚當前面臨的出版界生態環境，他刻意避開老東家有往來的大學圖書館，靠著往昔建立的人脈關係，找到國立故宮博物院、國立中央圖書館、臺灣師範大學等客源，讓文史哲營運穩定下來。

這是文史哲出版社誕生初期的經營模式，選了低成本當然就只有低利潤，錢賺得少，幫助人的能力就相對少。但他不能永遠死守「低成本」模式，出版社要發展起來。

貳、高成本多利潤長銷書「養」衆多虧本書

所謂的「多利潤」，到底是怎樣的多？這得解釋一下，否則讀者還以為像搞房地產、股票、黃金，動則賺上百萬千萬。彭正雄說，早期出版古籍經典利潤不錯，「一本精裝書賺的錢，可以買三斤豬肉呢！」你向現在大陸或美國的大企業家說：「三斤豬肉是不錯的利潤」，當然是天大的笑話。但在民國六〇年代，文史哲出版社只是一家「一人（家庭）公司」（現在還是），小小的「三斤豬肉」利潤，他積少成多，在本階段（創業初十年），他至少出版數百種古籍。積累的利潤，不僅可以維持出版社營運，也還能「養」一些賠本書，幫助要出書的人。

能「養」最多賠本書，是本階段民國六十八年出版張仁青的《應用文》，這是一本「大」書與長銷書，賣三十年而不衰，是文史哲出版社代表作品。估計這本書已賣

出一百多萬冊，彭正雄說：「我的出版社前十五年都靠《應用文》養的，每年帶來的利潤，可以養十本專業書，十五年就讓我多出版了一百五十本書。」（註③）《應用文》可以說是一本成本高、利潤多的長銷書，以有利潤書養「虧本書」，是文史哲出版社開張初期就建立的經營模式，往後維持數十年皆如是。可以這麼說，這是彭正雄以「文化出版人」自居的使命感，有了這樣的使命感，「說虧本即非虧本」（引《金剛經》語氣和意涵）。

到底有那些種類的書屬「虧本書」？大約不外三類。第一類是現代詩（新詩）作品，彭正雄為兩岸詩人（至少數百人），印了數百種（可能上千）詩集，大家都知道新詩沒有市場，詩壇天王余光中的作品頂多賣幾百本，其他都別提了。彭正雄體諒詩人創作必須出版成書，才有留傳的機會，也是一種文化傳播。全臺灣（可能全中國），出版最多新詩集，可能就是文史哲出版社，這是筆者很理性、很客觀的判斷。

第二類是碩博士論文。這類著作因不具市場性，人力財力和時間的投入，完全不敷成本。但彭正雄認為今天的研究生，可能就是未來大學者，文史哲出版社開張，最先找上他的是黃永武教授，在那個年代影印機極少，影印一頁要台幣八元，黃永武的博士論文上下冊共一千多頁。彭正雄採用照相處理，三天完成，效率高又口碑好，來求助的各大學研究生，幾個月達近百部論文，每本論文印製幾十冊。此後數十年，文史哲出版社始終有這項服務，他成了學術界「救火隊」，教授的升等論文也找他幫忙。一般而言，文史哲出版社收取數千元助印費，碩博士生或學者取走一定數量論文，其餘由出版社展售，大多成為「庫存」。

第三類是國內外舉辦的學術研討會、教授祝壽論文集等。此類論文，活動如煙火一陣，過後即無人聞問，彭正雄認為這類活動應有正式記錄留下，正式出版的作品圖書館才會保存。

以上那幾類賠本書，可以說「出一本、賠一本」，別的出版社碰都不碰。但彭正雄不以為意，他語氣堅定的說：「這些書若不能出版，文化就無法傳承。為了一份文化使命感，別人不出，我出。」（註④）數十年來，因印製數不盡的學術作品，與許多「學術人」有了深厚的情誼，也讓他們的作品得以庫存、流傳。故曰：「說虧本即非虧本」，虧了「價格」，賺到「價值」，賺到文化傳承，賺到與人深厚的情誼，這些都是無價之寶。

參、創業第一個十年的出版成果（民60～民69）

從一九七一年（民60）創業，到一九八〇年（民69），這十年間，彭正雄從三十三歲到四十二歲，還可以算正當盛年。他的「一人公司」，從社長、總編輯、美工設計、校對、發行、送貨……可謂集「總務」於一身，好在有太太和女兒的幫忙。這十年間出版了多少書？不說沒人知道，說了會「嚇死人」，以下就把這十年出版成果整理出來。

〈文史哲學集成〉

昌彼得著，《中國圖書史略》
胡自逢著，《先秦諸子易說通考》
于大成著，《淮南論文三種》
王更生著，《晏子春秋研究》
蘇尚耀著，《中國文字學叢談》
黃季剛著，《文選黃氏學》
袁　冀著，《元吳草廬評述》
黃春貴著，《文心雕龍之創作論》
吳圳義著，《清末上海租界社會》
李威熊著，《董仲舒與西漢學術》
王國良著，《搜神後記研究》
高輝陽著，《馬遠繪畫之研究》
林漢仕著，《孟子探微》
胡豈凡著，《杜甫生平及其詩學研究》
曾虛白著，《舊釀新培》
吳秀英著，《韓非子研議》

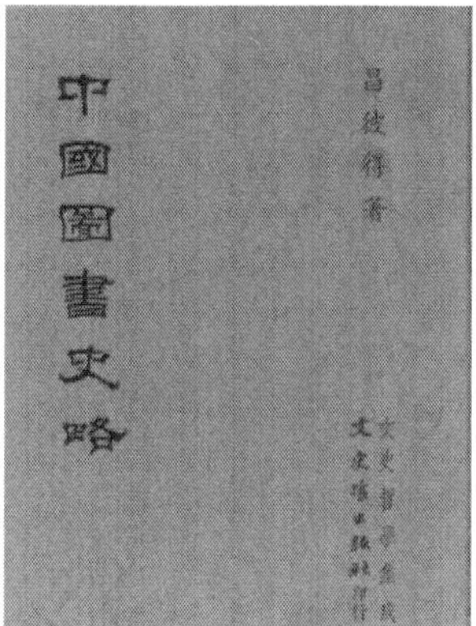

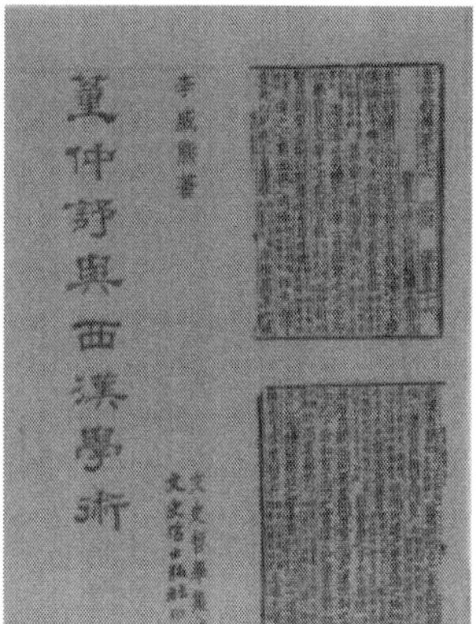

黃盛雄著，《通鑑史論研究》

昌彼得著，《說郛考》

吳振聲著，《中國建築裝飾藝術》

黃盛雄著，《唐人絕句研究》

莊吉發著，《清代史料論述》㈠

莊吉發著，《清代史料論述》㈡

李威熊著，《問學叢談》

劉守宜著，《梅堯臣詩之研究及其年譜》

林平和著，《李元音切譜之古音學》

陳飛龍著，《葛洪之文論及其生平》

胡萬川著，《鍾馗神話與小說之研究》

喬衍琯著，《陳振孫學記》（直齋書錄解題研究）

黃景進著，《王漁洋詩論之研究》

劉階平著，《階平文存》

吳　璵著，《甲骨學導論》

李國勝注，《王昌齡詩校注》

〈圖書與資訊集成〉

喬衍琯、張錦郎編，《圖書印刷發展史論文集續集》

〈中國文史哲資料叢刊〉

清．孫宗彝著，《愛日堂全集》

《明內閣大庫史料》

明．李贄撰，《李溫陵集》（大詔校明萬曆間刊本）

宋．慧寶註．神清撰，《北山錄附註解隨函》（景宋本）

洪鈞培著，《春秋國際公法》（精一）

陳萬鼎著，《洪稗畦先生年譜．附四嬋娟雜劇》

康有為著，《康南海先生遊記彙編》

康有為著．蔣貴麟編，《康南海先生未刊遺稿》

羅振玉考釋，《殷虛文字類編》

洪鈞培著，《春秋國際公法》（平一）

〈近代名家集彙刊〉

清．錢泰吉撰．昌彼德句讀，《甘泉鄉人稿》

繆荃孫撰．昌彼德句讀，《藝風堂文漫存十二卷》

葉昌熾撰．昌彼德句讀，《奇觚廎文集三卷》（外集一卷）

孫　雄撰，《舊京詩文存　詩文各八卷》

曹元弼撰．昌彼德句讀，《復禮堂文集十卷》

〈書目索引〉

昌彼得編著，《中國目錄學講義》

蔡廷幹撰，《老子索引》（原名老解老附串珠）

中央圖書館編，《明人傳記資料索引》

Compiled by Scott.Ling，《Bibliography of Chinese Humanities》1942-1972。

〈圖書館學〉

高　熹譯，《圖書館事業導論》

何多源編著，《中文參考書指南》

〈期　刊〉

《國學月刊》（民國十五年十月至十六年元月．第一卷一至四期（全））

《國學專刊》（民國十五年三月至十六年十月．第一卷一至四期（全））

《圖書與圖書館》（一至三輯）

〈群經〉

康有為著，《康南海先生未刊遺稿》（詩經說義．大戴禮記補註）

James Legge，《The Chinese Classics》（中國古典名著八種：詩經、春秋左傳、四書、尚書）

〈哲學類〉

周道瞻譯註，《儒家學說與西方民主》（中英對照）

張純一著，《墨子集解》

姚振黎著，《墨子小取篇集證及其辨學》

王弼注．紀昀校訂，《老子道德經》

〈醫藥〉

孫思邈注，《華佗神醫秘傳》

〈教育〉

馮成榮著，《墨子行教事蹟考》

張福豈著，《中美中等教育比較彙要》（英文本）

李國會著，《杜威的教育思想研究》

王步華著，《啟智班國語科教學的研究》

鄭含光著，《我國師專生閱讀興趣與專業態度之調查研究》

〈中國歷史〉

林礽乾著，《陳書異文考證》

蔡申之等著，《清代州縣四種》

〈史　料〉

胡格金台著，《達呼爾故事滿文手稿》

莊吉發譯，《孫文成奏摺》

〈中國地理〉

陳宗蕃著，《燕都叢考》

〈世界遊記〉

曾虛白著，《美遊散記》

康有為著，《康南海先生遊記彙編》

〈語言文法〉

張仁青編著，《應用文》（甲種本，大學用書）
張仁青編著，《應用文》（乙種本，專科用書）
張仁青編著，《應用文》（丙種本，書信公文用）
金兆樟著，《實用國文修辭學》
周盤林著，《中西諺語比較研究》
莊世光著，《廣東話指南》
莊世光著，《廣東話與廣東歌》

〈文字．聲韻．訓詁〉

陳飛龍撰，《龍龕手鑑研究》
潘重規著，《瀛涯敦煌韻輯新編．瀛涯敦煌韻輯別錄》
陳新雄著，《六十年來之聲韻學》
葉永琍著，《清真詞韻考》
戈　載著，《詞林正韻》
魯實先著，《假借溯源》
方俊吉著，《爾雅義疏釋例》

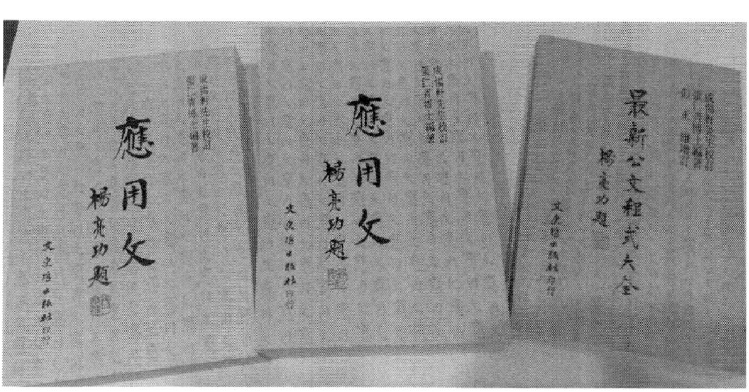

〈辭典〉

李霖燦編，《麼些象形標音文字字典》

〈文學總論〉

曾　毅著，《中國文學史》

〈文學評論〉

黃　侃著，《文心雕龍札記》

〈詩〉

李漁叔著，《花延年室詩》

胡豈凡著，《題現代名畫詩》

〈戲曲〉

張棣華著，《善本劇曲經眼錄》

李家瑞編，《北平俗曲略》

By Tom Gee,《Stories of Chinese Opera》（紀清穆著，中國國劇本事）

〈騷賦駢散〉

李長生著，《元好問研究》
黃盛雄著，《文史論述》
張仁青著，《六十年來之駢文》

〈小說〉

潘重規著，《紅學六十年》

〈總論〉

池振周著，《藝術概論》
本　社編，《宋元明清書畫家年表》
池振周著，《繪畫創作研究》

〈書畫〉

《Chinese Painting》
《明末民族藝人傳》
康有為手稿，《萬木草堂藏中國畫目》

葛金烺輯，《愛日吟盧書畫錄》

〈篆刻〉

顧湘編輯，《小石山房印譜》

明．王平輯，《集古印譜》

明．王常輯，《秦漢印統》

明．釋自彥輯，《圖書府》

陳簠齋藏印，《十鐘山房印舉》

〈法帖拓本〉

《鄭板橋新修城隍廟碑記．文昌帝君祠記》

本社　編，《近代碑帖大觀》

小　結

本章所要了解，是文史哲出版社從誕生到最初十年間，早期創業維艱，經營模式的選擇，都彰顯經營者的智慧和文化使命感。最讓人敬佩的地方，是他以「捨我其誰」的精神，高舉中華文化宣揚和傳承的火把，以一人抵千軍，一家出版社抵「文化部」。

筆者如此禮讚，並非過譽之空話！

這只要看前項「十年出版成果」就很清楚。從出版的分類目錄看，多少中國文化古籍經典，其中很多「冷門經典」。如〈圖書與資訊集成〉、〈中國文史哲資料叢刊〉、〈近代名家集彙刊〉、〈書目索引〉、〈圖書館學〉、〈期刊〉（民初）、〈群經〉、〈史料〉、〈語言文法〉、〈文字、聲韻、訓詁〉、〈騷賦駢散〉、〈書畫〉、〈篆刻〉、〈法帖拓本〉等，幾乎全是中國的「老東西」，市場極小，利潤極少乃至賠本，要靠其他有賺的書來「養」。可見得彭正雄的出版模式，幾乎不考慮市場，不為謀利，只考量「文化價值」，做文化傳承的工作。最可貴的是一種「不忘初心」的精神，堅持一生如是。

本章「十年成果」，列出這十年間出版了一百多冊書，平均每年十餘本，在量上似乎不多。但並未算入碩博士生論文、升等論文等，這部份的量可能超過正式的出版品。把這些都包含進來，彭正雄在這十年間所創造的文化和助人的「價值」，不可計算！無價！

註釋

① 紅袖藏雲，〈前進復前進—悠悠涉長道的彭正雄〉，《有荷文學雜誌》第二十二期（高雄：大憨蓮文化工作室，二〇一六年十二月二十日），頁三九—四一。

② 無名氏（卜乃夫），〈臺灣出版界的奇人俠士—記不平凡的臺灣人彭正雄〉，《青年

日報》，二〇〇一年八月二十八、二十九日。

③ 封德屏主編，杜秀卿、蔡昀臻執行主編，《臺灣人文出版社30家》（台北：文訊雜誌社，二〇〇八年十二月）。詳見徐開塵，〈只取這一瓢飲—文史哲出版社〉一文，頁二八七—三〇〇。

④ 同註三，頁二九七—二九八。

第五章 首開兩岸文化出版破冰交流與第二個十年出版成果

「機會是給準備好的人」，這是一句常聽到勉勵人的良言，用佛的語言說就是「能把握因緣的人」。這些話可能因太平常了，絕大多數的人都當成耳邊風，聽過就忘也不當一回事。其實任何人一生的成敗，他活在世間短短幾十年能創造出多少「價值」？對這個社會，乃至自己的國家民族，能有多少貢獻？能為後人留下多少「珍寶」？都可以從這兩句平常的話找出答案，成敗和智慧開啟都藏在這兩句話之中，真實不虛。

認識彭正雄多年來，發現他正是一個任何時候都「準備好」的人，準備「捉住」任何出現的機會。若機會沒有出現，他就準備創造機會，也就是他是一個很會把握並創造因緣的人。

筆者這樣說並不過譽，從他創業以來，所有找上門的人，不論要出版或其他要求，彭大概只有「可」或「好」的回應。接下來就苦幹實幹、挑燈夜戰，還是個無可救藥的完美主義者，要「完美」達成人家的要求，完美滿足人家的願望，真不可思議！

筆者讀過師父星雲大師的一篇文章，〈「可」與「不可」〉。大意是說，是人才？不是人才？要有選擇的慧眼，是不是人才，往往只看他做人對善惡能否分辨，性格的善惡是根本條件。師父還有更重要的觀察，就是看他對人常說「可」或「不可」、「好」或「不好」，凡是常說「可、好、能」的人，必定是好相處、好合作、能做事的人，這樣的人有好人緣，有服務性格，是大有前途的人；反之，凡事都對人說「不可、不好、不能」的人，必定是難相處、難合作、難成事的人，這樣的人沒有人緣，欠缺服務性格，難以獲得重用。（註①）師父最後開示說，在你的性格裡，好事你都「能」嗎？你能跟人結緣嗎？你能吃虧忍耐嗎？你「能」、你「可」廣結善緣嗎？這種「能、可」是自己內心的潛能發揮出來的。

有了自己內心潛能的展現，才會有「外緣」，能是「因」，外緣是「緣」，有「緣」無「因」也沒用，就像機會來了而不去把握。所以，一個人能常說「可、好、能」，就必定是有承擔、有力量、有成就的人。

為什麼本章要先談這些「因緣、可、能」等觀念？我發現彭正雄正是這種自創因緣的人，也正是星雲大師說「可、能、好」的人。由於能把握機會因緣，在本章的時段裡有個機會「從天上掉下來」，彭正雄把握住揮灑成人生另一壯舉—兩岸文化出版交流。

本章所要講的，從一九八一年（民70）到一九九〇年（民79），彭正雄從不惑的四十三歲到初入中年的五十二歲。本階段結束前，有一種機會「從天上掉下來」！

壹、首開兩岸文化出版破冰交流

一八九五年臺灣割給日本，有問過臺灣人民是否願意嗎？一九四九年兩百萬軍民逃離大陸，有問過他們嗎？之後統治者又禁絕兩岸同胞親人往來，有問過大家是否接受被禁絕隔離嗎？幾十年後統治者又說可以開放交流了，也問過大家嗎？幸好這種事不必問。

凡此，都是統治階層「捅」出了問題，人民被迫只得接受（亦無力反抗），小老百姓，手中沒有權力無從決定要或不要，這是「天上掉下來」，給每一個人的機會，看大家如何面對處理！兩岸開放文化交流和探親，對小老百姓而言，也是天上掉下來的機會，這是一種「外緣」。如何面對、把握、處理，每個人都不一樣！

對彭正雄而言，在他的基因裡已有中華文化的種子，他創業才會選擇出版中華歷代經典，把文化的根苗傳承下去。但中華文化和中國古籍的出版，最大的市場和基地則在大陸，如果兩岸永遠隔絕，彭正雄要高舉文化使命的火把，進行兩岸文化出版交流，可以說完全沒有機會，只能在臺灣地區點一盞忽明忽暗的「小燈」。或等到彭正雄耄耋期齡才開放，為時已晚，機會無用！

一九八七年（民國七十六年）十一月七日，機會從「天上掉下來」，這一天統治者開放老兵回大陸探親，之後很快啟動民間文化交流。次年（民77）十月，彭正雄已中年初的五十歲，先進出版人參加「上海圖書展」試探，這也是首次繞道參與兩岸出版界的交流，他把握機會破冰之旅。當時臺灣組團參與共有十二位出版界代表，不論成果如何！隔絕四十年的兩岸關係，終於就要掀開阻隔的帷幕。

再隔年（一九八九、民78）八月，彭正雄到北京參加「全國書市圖書展」，於二十八日在人民大會堂，兩岸出版人各派二百人，會議堂上是四百多人的龐大場面，在長桌進行對等會談交流。此行臺灣文化出版界參加有三百五十多人，彭正雄有不錯的收穫。

此行二十九日，彭在崑崙大飯店與大陸中科院台港文學研究所副所長古繼堂會面。古教授研究臺灣小說、詩歌，從日據時代到現代都包含，他所著《臺灣小說發展史》、《臺灣新詩發展史》兩部巨構，都在一九八九年由文史哲出版社和大陸同步出版，開創兩岸出版先例。

一九九〇年（民79）八月，彭再參加「北京國際圖書博覽會」，也是盛況空前，他當然是把握這個良機，把他出版的中國歷代經典作品，儘可能行銷給大陸讀者。他了解經過幾十年的封閉，開放之初大家心靈都飢渴，中華文化的文史哲正是最好的精神靈糧。

本階段在兩岸文化出版交流上，算是一種開端起步，難免有些好奇和探索心態。

《臺灣新詩發展史》作者古繼堂夫婦於 1995 年 6 月 18 日與出版人彭正雄於桃園國際機場出境口合影。

但在出版品的數量上，這十年是大大的成長，至少是第一個十年的好幾倍。這可以解釋，經營者信心大增，產品才有倍數成長，文史哲就快在出版界成為一塊「名牌」。

貳、第二個十年出版成果（民70～民79）

〈文史哲學集成〉

王更生著，《重修增訂文心雕龍研究》
陳新雄著，《重校增訂音略證補》
王初慶著，《中國文字結構析論》
蔡世明著，《歐陽脩的生平與學術》
楊祖聿著，《詩品校注》
楊鴻銘著，《荀子文論研究》
伍稼青著，《八〇集》（史料及散文）
謝武雄著，《蘇洵言論及其文學之研究》
鄭樑生著，《明史日本傳正補》
林平和著，《禮記鄭注音讀與釋義商榷》
黃桂蘭著，《白沙學說及其詩之研究》

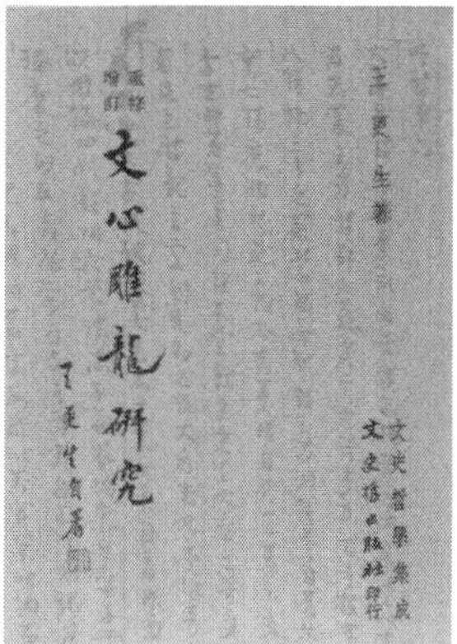

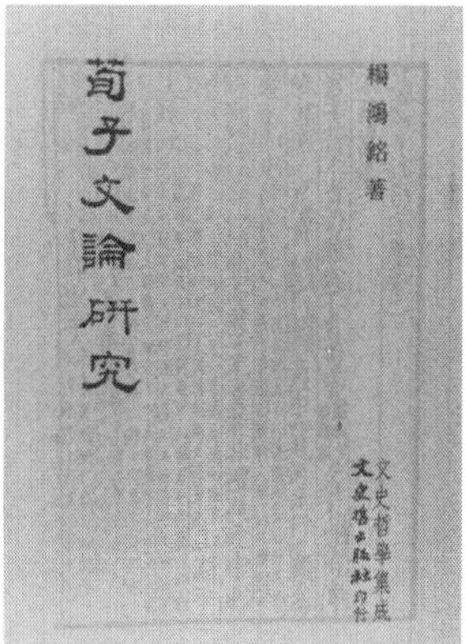

謝海平著，《唐代詩人與在華外國人之文字交》
古國順著，《清代尚書學》
陳維德著，《墨子教育思想研究》
張夢機著，《詞律探原》
李道顯著，《中國文學發展探源》（上）
馮吉權著，《文心雕龍與詩品之詩論比較》
林聰舜著，《向郭莊學之研究》
黃美玲著，《唐代詩評中風格論之研究》
江建俊著，《建安七子學述》
田素蘭著，《袁中郎文學研究》
黃盛雄著，《王符思想研究》
李振興著，《尚書流衍及大義探討》
黃紹祖著，《復聖顏子思想研究》
劉美華著，《楊維楨詩學研究》
陳品卿著，《莊學新探》
江建俊著，《漢末人倫鑑識之總理則：劉紹人物志研究》
楊文雄著，《李賀詩研究》
蔡宗陽著，《莊子之文學》

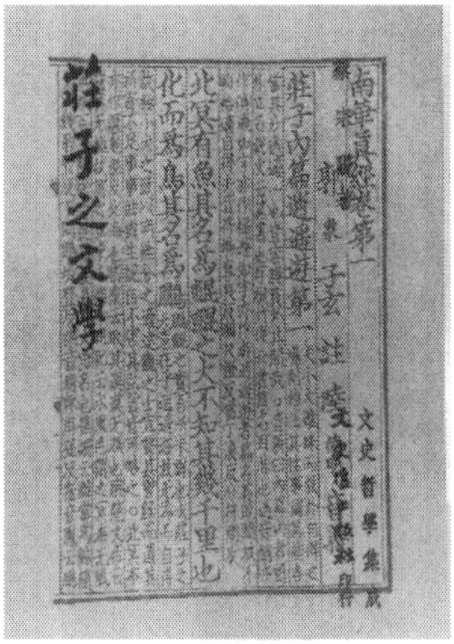

謝德瑩著，《儀禮聘儀節研究》
潘呂棋昌著，《蕭穎士研究》
鍾彩鈞著，《王陽明之思想研究》
林漢仕著，《易傳評詁》
張先覺著，《王安石之教育思想》
鄺士元著，《魏晉南北朝研究論集》
許清雲著，《皎然詩式校補新編》
林平和著，《鹽鐵論析論與校補》
李道顯著，《王充文學批評及其影響》
盧清青著，《齊梁詩探微》
吳八駿著，《梁啟超與戊戌變法》
洪順隆著，《由隱逸到宮體》
吳福相著，《呂氏春秋八覽研究》
王家儉著，《中國近代海軍史論集》
宋秋龍著，《陶淵明詩說》
許東海著，《庾信生平及其賦之研究》
朱子赤著，《詩經關鍵問題異議的求徵》
蔡延吉著，《賈誼研究》

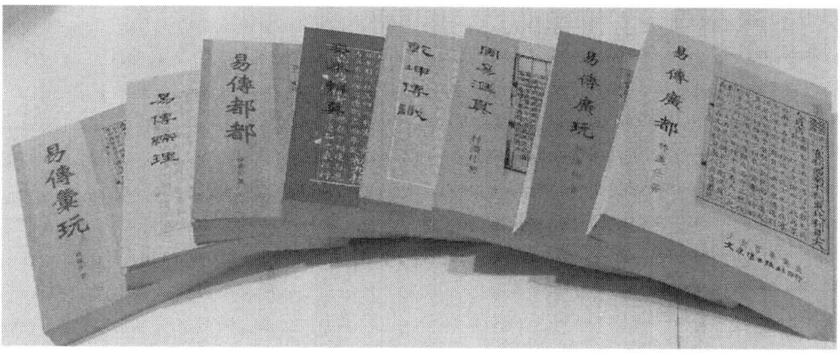

周浩治著，《論孟章句辨正及精義發微》
辛法春著，《明沐氏與中國雲南之開發》
那宗訓著，《京本通俗小說新論及其他》
張修蓉著，《漢唐貴族與才女詩歌研究》
龔道運著，《朱學論叢》
鄭樑生著，《明代中日關係研究》（平一、精一）
王國良著，《神異經研究》
孫鐵剛著，《中國舊石器時代》
莊雅州著，《夏小正析論》
張蕙慧著，《儒家樂教思想研究》
古國順著，《史記述尚書研究》
王三慶著，《敦煌本古類書語對研究》
顧力仁著，《永樂大典及其輯佚書研究》
劉貴傑著，《僧肇思想研究》
劉　偉著，《杜甫詩學探微》
蘇文擢著，《邃加室講論集》
陳松雄著，《陸宣公之政事與文學》
毛炳生著，《曹子建詩的詩經淵源研究》

蘇文擢著，《說詩晬語詮評》
簡博賢著，《魏晉四家易研究》
劉昭仁著，《呂東萊之文學與史學》
陳松雄著，《齊梁麗辭衡論》
蔡英文著，《韓非的法治思想及其歷史意義》
黃景進著，《嚴羽及其詩論研究》
張峻榮著，《南宋高宗偏安江左原因之探討》
董俊彥著，《桓譚研究》
鄭德熙著，《陽明學對韓國的影響》
陳兆秀著，《文心雕龍術語探析》
謝朝栻著，《中國古代公文書之流衍及範例》
鄭樑生著，《元明時代東傳日本的水墨畫》
劉家駒著，《清朝初期的中韓關係》
金白鉉著，《莊子哲學中天人之際研究》
簡恩定著，《清初杜詩學研究》
朱鼎宗著，《春秋宋學發微》
陳韻竹著，《歐陽脩蘇軾辭賦之比較研究》
蘇淑芬著，《朱彝尊之詞與詞學研究》

楊松年著，《王夫之詩論研究》
張延中著，《劉銘傳參與平吳剿捻戰役之探討》
黃紹祖著，《孔子之喜怒哀樂》
余偉雄著，《王寵惠與近代中國》
韓耀隆著，《中國文字義符通用釋例》
吳福助著，《史漢關係》
許建崑著，《李攀龍研究》
方元珍著，《文心雕龍與佛教關係之考辨》
翁世華著，《楚辭考校》
廖和永著，《晚清自強運動軍備問題之研究》
郭　模注，《人物志及校注》
耿湘沅著，《元雜劇所反映之時代精神》
王志成著，《多音字分讀研究》
包慧卿著，《唐代對西域之經營》
方師鐸著，《今語釋詞例》
何永清著，《國語語法研究》
王偉勇著，《南宋詞研究》
林時民著，《劉知幾史通之研究》

黃盛雄著，《李義山詩研究》

陳文華著，《杜甫傳記唐宋資料考辨》

朱曉海著，《讀易小識》

王國良著，《續齊諧記研究》

中美子著，《朱子詩中的思想研究》

洪　讚著，《唐代戰爭詩研究》

許清雲著，《皎然詩式研究》

李殿魁著，《雙漸蘇卿故事考》

司仲敖著，《隨園及其性靈詩說之研究》

楊文雄著，《詩佛王維研究》

廖國棟著，《魏晉詠物賦研究》

林平和著，《羅振玉敦煌學析論》

簡有儀著，《袁枚研究》

盧燕貞著，《中國近代女子教育史》（1865-1945）

齊曉楓著，《雙漸與蘇卿故事研究》

王國良著，《六朝志怪小說考論》

柯上達著，《捻亂及清代之治捻》

龔顯宗著，《明初越派文學批評研究》

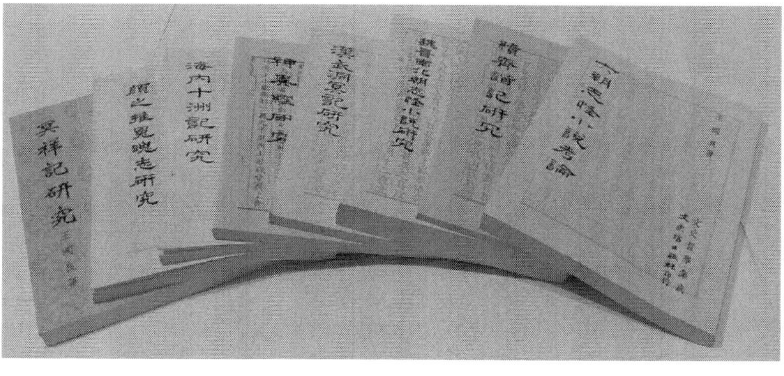

楊松年著，《中國文學評論史編寫問題論析—明至盛清詩論之考》

張秀民著，《中國印刷術的發明及其影響》

范月嬌著，《陳師道及其詩研究》

傅兆寬著，《梅鷟辨偽略說及尚書考異證補》

康曉城著，《先秦儒家詩教思想研究》

董忠司著，《江永聲韻學評述》

姚翠慧著，《方望溪文學研究》

鄭子瑜著，《中國修辭學史》

李威熊著，《中國經學發展史論》（上）

翁世華著，《楚辭論集》

林漢仕著，《乾坤傳識》

林文寶著，《朗誦研究》

鄭阿財著，《敦煌寫卷新集文詞九經抄研究》

李進軒著，《孫中山先生革命與香港》

姚振黎著，《沈約其學術研究》

黃水雲著，《顏延之及其詩文研究》

羅運治著，《清代木蘭圍場的探討》

鄭峰明著，《褚遂良書學之研究》

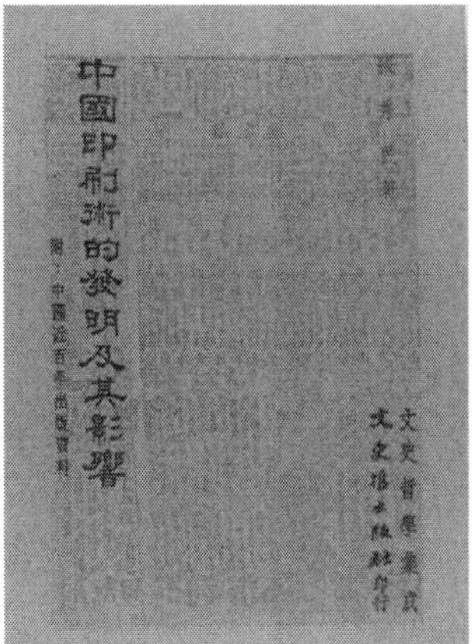

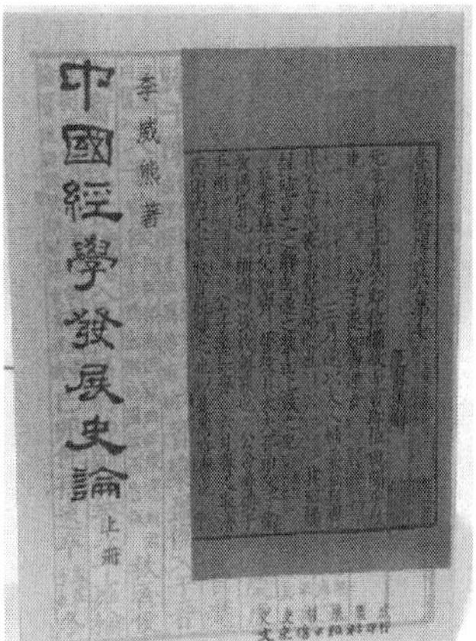

王國良著，《漢武洞冥記研究》

汪　淳著，《韓歐詩文比較研究》

黃永武、施淑婷著，《敦煌的唐詩續編》

陳瓊瑩著，《清季留學政策初探》

李森南著，《山水詩人謝靈運》

楊松年著，《中國文學批評論集》

金英蘭著，《韓國詩話中有關杜甫及其作品》

文幸福著，《詩經毛傳鄭箋辨異》

張少康著，《中國古代文學創作論》

王國良著，《海內十洲記研究》

鄭樑生著，《中日關係史研究論集》（一）

曾為惠著，《老子中庸思想》

吳玉蓮著，《史傳所見三國人物曹操劉備孫權之研究》

賈恩洪著，《破繹《長恨歌》之謎—楊貴妃史辨》

蔣子駿著，《辛亥革命與臺灣早期抗日運動》（1911-1915）

〈文學叢刊〉

伍稼青著，《花事叢談》

殷正慈著，《驀然回首》
曾幼川著，《雲影》
高　準著，《高準詩集》、《山河紀行》
袁恒昌著，《淡淡的夢痕》
張　健著，《敲門的月光》、《百人圖》
高　準著，《文學與社會》
夏美馴著，《為愛白雲盡日閒》
吳玉蓮著，《顫抖的白樺》、《客路青山外》
袁　戎著，《文學帝王豔紀》
洪順隆著，《銀杏樹的戀歌》
張　健著，《山中的菊神》、《世紀的長巷》
黃能珍著，《墓地裡的小白花》
莊雲惠著，《紅遍相思》、《心似彩羽》
董金裕著，《懷舊布新集》
薛振家著，《長白文集》（上、下）
古繼堂著，《臺灣新詩發展史》
古繼堂著，《臺灣小說發展史》

古繼堂研究臺灣小說，從日據時代小說，一直介紹到現代。這部《臺灣小說發展史》在台北出版，將歷達七百餘頁。臺灣版在於少數資料及措詞字眼上，略有修改，其他保持原貌，讓大家品嘗一下學者的寫作角度。這樣兩岸出版合作，開創首次模式，大陸出版《臺灣新詩發展史》早兩個月：臺灣出版《臺灣小說發展史》早兩個月。

姚翠慧著，《古今詩詞論叢》
高　準著，《中國大陸新詩評析》（1916-1979）
夏美馴著，《消遙到處思鄉無》
張　放著，《秋風乍起》
李佩徵著，《紐約湖畔》、《湖畔隨筆》

〈圖書與資訊集成〉

昌彼得、潘月美著，《中國目錄學》
盧荷生著，《圖書館行政》、《中國圖書館事業史》
李志清著，《古書版本鑑定研究》
張譽騰著，《科學博物館教育活動的理論與實際》
張錦郎編著，《中文參考用書指引》（二次增訂本）
喬衍琯、張錦郎編，《圖書印刷發展史論文集》
劉　簡著，《中文古籍整理分類研究》
王會均著，《縮影圖書資料管理》（平一、精一）
方　仁著，《國際標準書目著錄發展史研究》
張慧銖著，《英美編目規則第二版釐訂原理之探討》
鄭吉男著，《公共圖書館的經營管理》

〈中國文史哲資料叢刊〉

清．吳丙湘輯，《傳硯齋叢書》

清．吳山尊選．許貞幹補注，《八家四六文注》（清光緒十年刊本）

清．震鈞輯，《清朝書人輯略》（清光緒三十三年刊本）

清．竇鎮輯，《清朝書畫家筆錄》（清宣統三年刊本）

清．林鈞輯，《石廬金石書志》

清．張燕昌集，《金石契》（乾隆四十三年刊本）

清．楊恩壽撰，《眼福編》（清光緒十一年刊本）

清．王澍撰，《淳化秘閣法帖考正》（雍正十一年刊本）

張金吾撰，《愛日精廬藏書志》

謝國楨編，《吳愙齋（大澂）尺牘》

清．傅山撰，《霜紅龕集》

清．竇鎮輯，《清（國）朝書畫家筆錄》

〈南洋研究史料叢刊〉

楊建成主編，《三十年代南洋華僑領袖調查報告書》、《中華民國各大學研究所有關東南亞研究—碩士論文摘要匯編》、《三十年代南洋華僑領袖調查報告書續集》、

《南洋華僑抗日救國運動始末（一九三七—一九四二）》、《蘭領東印度史》、《中華民族之海外發展》、《三十年代南洋華僑僑匯投資調查報告書》、《三十年代華僑團體調查報告書》、《三十年代菲律賓華僑商人》、《荷屬東印度華僑商人》、《中國國民黨與華僑文獻初編》（一九〇八—一九四五）、《華僑之研究》、《華僑政治經濟論》、《三十年代南洋華僑經營策略之剖析》、《僑匯流通之研究》、《華僑史》、《三十年代蘭領東印度華僑》、《華僑商業集團之實力與策略剖析》、《三十年代南洋陸運調查報告書》、《法屬中南半島之華僑》、《泰國的華僑》、《泰國農民與華僑》、《菲律賓的華僑》、《英屬馬來西亞華僑》、《美國在西太平洋的政策與戰略利益》、《華僑經商要訣一百》。

《傳記叢刊》

徐　剛著，《范曾傳》

《藝術叢刊》

崔炳植著，《中韓南宋繪畫之研究》

鄭銀淑著，《項元汴書畫收藏與藝術》

夏美馴著，《陋室談藝錄》

佘　城著，《明代青花瓷器發展與藝術之研究》

佘　城著，《北宋圖畫院之新探》

〈書目索引〉

昌彼得選輯，《中國目錄學資料選輯》
汪辟疆著，《目錄學研究》
本　社編，《元人文集篇目分類索引》
本　社編，《明清進士題名碑錄索引》
鄭恆雄著，《中文資料索引及索引法》
楊延福、楊同甫著，《清人室名別稱字號索引》
王會均著，《海南文獻資料索引》
《叢書子目類編》

〈圖書館學〉

王錫璋著，《圖書與圖書館論述集續集》
葉德輝等著，《書林清話》
唐潤鈿著，《書僮書話》
吳辰伯著，《江浙藏書家史略》

〈國　學〉

趙善詒疏證，《說苑書證》
章太炎著，《國學略說》
吳福助編，《國學方法論文集》（平一、精一）
清．吳潁炎編，《國學備纂》

〈期　刊〉

《史地學報》（民國十年十一月至十五年十月．第一卷一期至第四卷一期（全））

〈論　叢〉

嚴文郁等著，《慶祝藍乾章教授七秩榮慶論文集》
黃振民等著，《慶祝無錫施之勉先生九秩晉五誕辰論文集》（平一、精一）
徐芹庭等著，《慶祝陽新成楚望先生七秩誕辰論文集》（平一、精一）
王夢鷗等著，《王靜芝先生七十壽慶論文集》
輔大歷史系所編，《王任光教授七秩嵩慶論文集》
香港浸信會學院編，《唐代文學研究會論文集》
成大中文系編，《尉素秋教授八秩榮慶論文集》

政大中文系所編，《漢學論文集》㈠㈡㈢

淡江中文系所編，《文學與美學》（第一、二集）

余崇生、范月嬌編譯，《日本漢學論文集》㈠

伍稼青著，《稼青序跋文》

〈群　經〉

清．王聘珍撰，《大戴禮記解詁》

清．孫詒讓撰，《大戴禮記斠補》

宋．朱熹集註、趙順孫纂疏，《四書纂疏》

清．劉寶楠撰，《論語正義》（平一、精一）

〈哲學類〉

閻崇信著，《墨子非儒篇彙考》

劉文曲撰，《淮南鴻烈集解》

成上道註講，《老子心印》

〈宗教類〉

陳新會著，《中國佛教史籍概論》

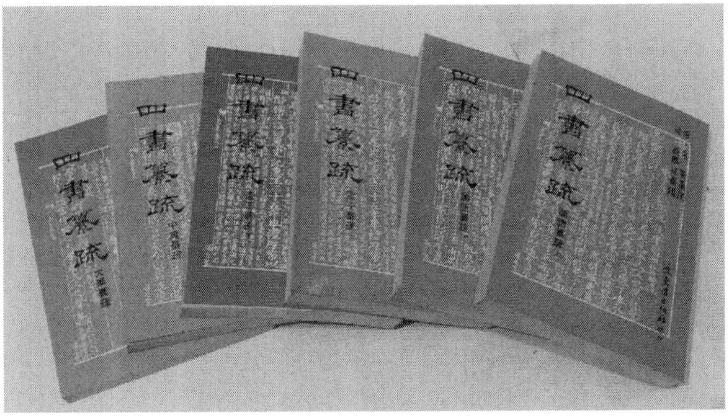

月光老人著，《三教心法》

〈教　育〉

黃萬益著，《國民小學啟智班數學課程之研究》

黃忠慎著，《文教與書評》

張伯行輯、夏錫疇錄，《課子隨筆鈔》

〈法　律〉

吳煙村著，《動員戡亂時期公職人員選舉—罷免法中選舉監察之研究》

河英愛著，《臺灣省縣市長及縣市議員選舉罷免制度之研究》

〈中國歷史〉

清．周城著，《宋東京考》

黃大受編著，《中國近代史》

游信利著，《史記方法試論》

顧頡剛著，《中國上古史研究講義》

〈史　料〉

莊吉發譯，《清語老乞大》、《清代準噶爾史料初編》

莊吉發校注，《滿漢異域錄校注》

莊吉發校注，《雍正朝滿漢合璧奏摺校注》

鄭樑生著，《元明時代東傳日本的文獻》（平一冊、精一冊）

鄭樑生編校，《明代倭寇史料》（一輯、二輯）

〈傳　記〉

姜亮夫纂，《歷代人物年里碑傳綜表》

伍稼青著，《受真自訂年譜》

姜龍昭著，《香妃考證研究》

張倚森編著，《中國歷史人物故事》

金振林著，《毛澤東隱蹤之謎》

〈語言文法〉

王會均編著，《公文寫作指南》

呂叔湘著，《中國文法要略》

呂叔湘著，《文言虛字》

朱翔新著，《文言虛字用法》

陳望道著，《修辭學發凡》
早川著、柳之元譯，《語言與人生》
李春等編著，《新編五專國文》（第五冊、第六冊）
李春等編著，《五專國文》（第七冊）
楊鴻銘著，《高中國文課文析評》（第一、二冊）
楊鴻銘等編，《高中國文教學與指引—閱讀測驗篇》
楊鴻銘等編，《高中國文教學與指引—文意篇》
林芳蘭著，《史事人物和典故》
張九如編，《記事文教學釋例》
蔣祖怡著，《記敘文—題數作法》
蔣祖怡著，《論說文—題數作法》

〈文字、聲韻、訓詁〉

胡自逢編寫，《周金文選》
王讚源著，《周金文釋例》
本　社編，《漢語古文字形表》
容希白編，《商周彝器通考・圖錄》
陳飛龍著，《說文無聲字考》

林漢仕著，《重文彙集》
朱岐祥著，《殷虛甲骨文通釋考》
黃永武著，《形聲多兼會意考》（平）
姜亮夫著，《中國聲韻學》
黃敬安著，《閩南話考證—史記例證》
趙憩之著，《等韻源流》（精）
黃敬安著，《閩南話考證—說文解字舉例》
黃敬安著，《閩南話考證—荀子史記漢書例證》
黃敬安著，《閩南話考證—古書例證》
王志成著，《廣韻作業》

〈辭　典〉

本　社編，《實用國語大辭典》（25開本）
本　社編，《中國美術家人名辭典》（25開本）
本　社編，《同源字典》
吳守禮編著，《綜合閩南臺灣語基本字典初稿》
閻慎修著，《新編五代史平話詞語匯釋》
王延林編著，《常用古文字字典》

〈文學總論〉

羅根澤著，《樂府文學史》
洪順隆著，《中國文學史論集(一)由口傳時代到漢代》
王志健著，《文學四論》（上冊新詩、戲劇）
王志健著，《文學四論》（下冊小說、散文）
陳必祥著，《古代散文文體概論》

〈文學批評〉

楊鴻銘著，《中國文學之理論》（上冊）
楊鴻銘著，《中國文學理論專題研究》
楊鴻銘著，《詩學理論與評賞—趣味之部》
楊鴻銘著，《歷代古文析評—兩漢魏晉之部》（平一、精一）
楊鴻銘著，《歷代古文析評—唐宋之部》（平一、精一）
李道顯著，《文學名著研評舉隅》
郭　霖著，《歷代國文名著研析》(一)(二)
杭永年評解，《古文快筆貫通解》
唐文治著，《國文經緯貫通大義》

吳武雄編著，《歷代文選述解》

王更生著，《文心雕龍讀本》（上、下篇）

〈詩〉

簡明勇著，《律詩研究》

洪順隆譯，《現代詩探源》

清．袁枚著、張健選，《隨園詩話精選》

雷晉註釋，《箋註劍南詩鈔》

文幸福著，《無益詩稿》

朱子赤編選詮註，《愛國詩詞選粹》

曾霽虹著，《五朝湘詩家史詠》

藍海文著，《中華史詩——話與傳說》

〈詞〉

本　社編，《宋詞精選會注評箋》

俞陛雲撰，《唐五代兩宋詞選釋》

黃畬箋註，《歐陽修詞箋註》

徐釚編著、王百里校箋，《詞苑叢談校箋》

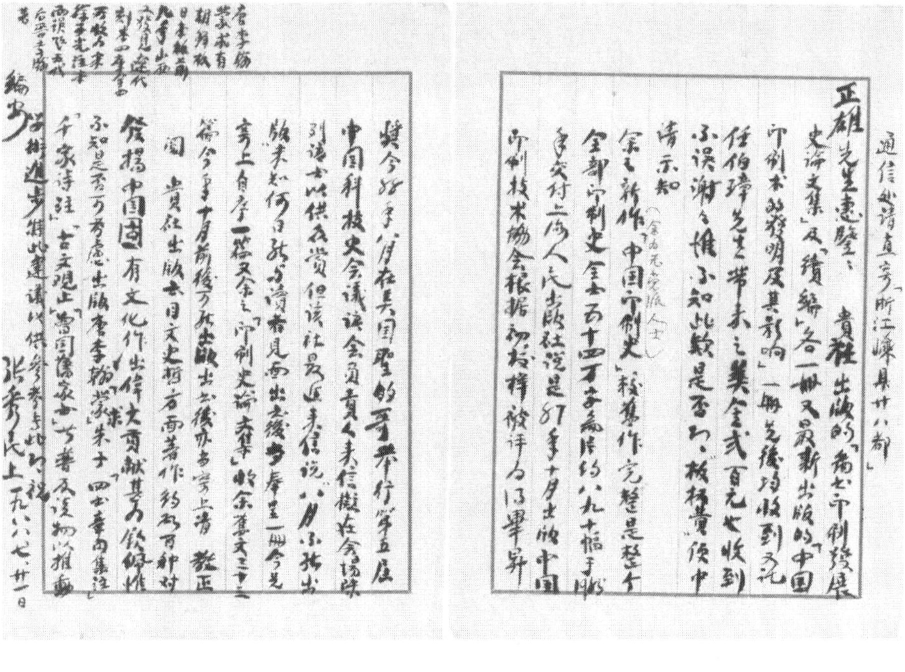

〈戲　曲〉

孫楷第著，《元曲家考略》

葉德均著，《戲曲小說叢考》（上、下）

姜龍昭著，《姜龍昭劇選》（第二集）

〈騷賦駢散〉

林聰明著，《昭明文選研究》

清・丁福保編，《文選類詁》

何錡章著，《文史論集》

楊鴻銘著，《孝經之文學》

張仁青著，《駢文觀止》（平一、精一）

張仁青著，《麗詞探賾》（駢文學抽印本）

楊鴻銘著，《強者的塑造》

吳武雄著，《古典沈思文錄》

俞紹初輯校，《建安七子集》

〈小　說〉

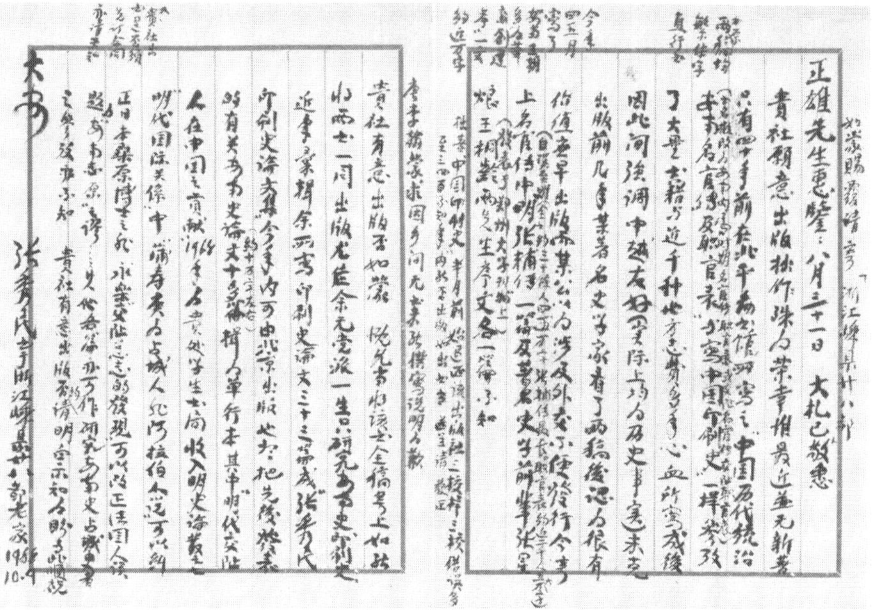

正雄先生惠鑒：八月三十一日 大札已敬悉

貴社願意出版拙作，殊為榮幸，惟最近並無新著

只有四十年前在北平為[illegible]寫之《中國歷代統治

者名臣傳及職官表》，[illegible]寫中國官制史一擇參攷

了大量書籍，[illegible]千种之多，費了心血所寫成，幾

因此間強調中越友好（實際上乃為歷史事實）未克

出版。前幾年[illegible]著名史學家看了兩稿後認為很有

價值，應早出版，[illegible]以為涉及外交，不便發行，今

上名臣傳中明張輔傳一篇及著名史學前輩張宗

烺、王桐齡兩先生序文各一篇，不知

貴社有意出版否，如蒙 俯允，當將該書全稿寄上，如能

[illegible]一出版尤佳。余[illegible]一生只研究中國史、印刷史

近年專[illegible]余所寫的印刷史論文三十三篇成《張秀民

印刷史論文集》，今年內可由北京出版。此外，把先後發表

的有關中國史論文十多篇，輯為單行本，其中《明代交阯

人在中國之貢獻》1964年在貴處學生書局收入《明史論叢》之

《明代國際關係》中，[illegible]

[illegible]

[illegible]

[illegible]貴社有意出版否，請明告示知為盼[illegible]

大安

張秀民寄自浙江嵊縣[illegible]

1988 10.4

宋．李昉編，《太平廣記》（附人名、書名索引）
徐震堮著，《世說新語校箋》
黎烈文評點，《宋人平話小說》
李劍國輯釋，《唐前志怪小說輯釋》
唐．牛僧儒、李復言著，《玄怪錄．續玄怪錄》

〈書　畫〉

《畫史叢書》（附人名總索引．唐迄清著名畫史評論論著二十一種）
《中國名畫家叢書—晉唐五代之部》
《中國名畫家叢書—宋元之部》
By S.G.Valenstein，《A Hand book of Chinese Ceramics-The Metropolitan Museum of Art
By R.H.Van Gulik（高羅佩著），《Chinese Pictorial》（書畫鑑賞彙編）
祝　嘉著，《書學史》
楊　逸輯，《海上墨林》（附人名索引）
福開森編，《歷代著錄畫目》
田沛霖．王執明譯，《玉》（附彩印圖玉）

一九八八年七月廿一日來函時兩岸尚未通郵，在信封上陸郵戳我方覆蓋：「三民主義統一中國　自由民主安和樂利」。同年十月九日就未加蓋我方郵戳。

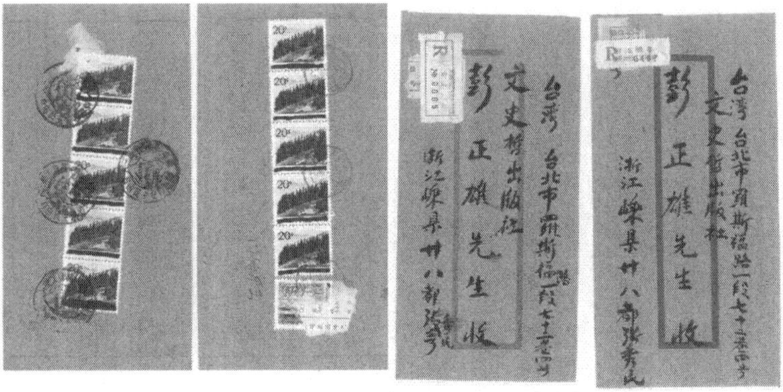

參、張秀民：「對發揚中國固有文化作出偉大貢獻」

中國著名目錄學家、印刷史專家，於一九八八年（民77）七月，給彭正雄的一封信，除了談他的名著《中國印刷術的發明及其影響》一書，給文史哲出版社出版（見前項出版成果）及其他事宜。（註②）該信亦禮讚彭正雄說：「貴社出版書目文史哲方面著作約略百種，對發揚中國固有文化作出偉大貢獻，甚為敬佩……」，同年再寫來一封信，亦談出版，稱譽有加。今將兩封信同時附印，這是史料，也是一種「證據」。

張著名學者印刷史專家的看法，惟如今成為筆者的「問題」，因為「偉大」二字怎能用在一個小出版社的小老闆身上，是否過譽？

現在筆者正寫彭正雄的回憶記錄，必須對他這輩子所有行誼做出「總結式定位」，才是一個稱職、負責而真誠的作家。尤其筆者為不少當代人物立傳，亦以「董狐之筆」自居，對於張專家給出的「命題」，我也應給出肯定的答案，到底「偉大」或「不偉大」，即同意或不同意！

從一些基本常識（知識）說，吾人稱「偉大」，通常指歷史上的「偉人」。秦皇、漢武、孔孟李杜，乃至文天祥、岳飛、鄭成功、蔣介石、毛澤東……按此標準比較（界定），彭正雄一點也不偉大。甚至他算「哪顆蔥」，怎能和這些偉人平起平坐？但這樣比較是不公平的。

換一種公平的比較，舉一例說明。假設某地區發生災難，花蓮一個賣菜的阿媽陳樹菊把一生僅有的老本，一百萬捐出救災救人。同時，郭台銘、比爾蓋茨也各捐出百萬善款，人們會說「誰偉大」？想必陳樹菊當之無愧！說陳樹菊偉大，相信人們都是認同的。

類似的例子在佛經上也有。有一回佛陀到了一個城鎮宣講佛法。很多人都來點燈供養佛，富人點大燈，窮人點小燈，有個小女孩是窮人中最窮的赤貧者，她也誠心想要供養佛。可是，小女孩僅有的半分錢只夠買幾滴油，連最小的小燈也點不起，賣油的老闆同情她，多送幾滴油給她，她才能點起最小的燈供養佛。

佛陀來到這城裡講法，不可思議的事發生！小女孩那盞小燈竟然發出極大的光明亮度，超越了所有的大燈，甚至照亮人間和天界。佛陀的弟子們驚奇問佛原因，佛說：「小女孩雖然很窮，但她的真誠和布施感動天地，產生了偉大的力量！所以人的真誠和布施的心是很了不起的！你們要銘記在心。」

按陳樹菊和佛經中小女孩的類比，我同意張秀民對彭正雄的「偉大」評價，但筆者對彭正雄的偉大事蹟，當然也要提出「證據」。我的證據是我的研究論述，並非僅是單純的同意。

張秀民給彭正雄的「偉大」評價，時間是一九八八年，當時文史哲出版社出版的中國文化經典，大約僅在數百冊之間。而筆者此時（二〇一八年春）寫彭正雄的一生回憶，是從整體、全面、宏觀與客觀的視野，概述他的「偉大」事蹟，略分三點簡說：

第一、就文史哲出版社半個世紀來，出版的中國文史哲等諸類相關經典之總量言，包含古籍和現代人的研究等，已大約達三千冊。吾人特須注意，文史哲出版社只是一家「一人公司」，外加老闆娘韓游春女士、女兒彭雅雲小姐從旁幫忙，有時再請一個送貨和打字小弟。在目前所有中國人經營的事業體，別說「百大、千大」排不上名，就是「萬大、千萬大」也無名。但以這個小出版社出版的中國文化著作總量，在當代中國人經營的出版事業，臺灣各出版大財團或大陸人民出版社，按我觀察判斷，尚未有超越彭正雄的文史哲出版社。這不叫偉大，叫什麼？

第二、就「質」和價值而言，質所指亦是價值，並非指銷售量或市場。仔細檢查文史哲的出版目錄，有市場有大銷售量的書不多，大多是要「養」的。〈文史哲學集成〉、〈文史哲學術叢刊〉、〈文學叢刊〉、〈戲曲研究系列〉、〈文史哲詩叢〉等，看出版量很大，能賣千本以上的書沒幾本。其他如〈中國文史哲資料叢刊〉、〈南海研究史料叢刊〉、〈書目索引〉、〈期刊〉、〈論叢〉等更是別提了，完全是一種文化出版的使命感支撐著。這不是偉大，這是什麼？難怪張秀民禮讚他對吾國固有文化作出偉大貢獻。筆者秉筆直書，亦如是！

第三、布施有無上功德和價值。拿極少量賺錢的書，養大量不賺錢的書，體現文化出版的使命感，本質上就是一種布施心。另外，數十年來，他對文壇詩界贊助、免費印刷，可以說出錢出力，對貧窮作家詩人的幫助到了為他「養老送終」的地步。用佛的語言說，彭正雄這輩子做到了財布施、法布施、文化布施、心力體力布施。這不叫偉大，這叫什麼？

註釋

① 星雲大師口述，佛光山法堂書記室妙廣法師等記錄，《貧僧有話要說》（台北：福報文化股份有限公司，二〇一五年六月十五日），第二十七說，「可」與「不可」，頁三六三—三七五。

② 張秀民，字滌瞻，浙江嵊州市廿八都人，一九〇八年生，二〇〇六年十二月二十四日仙逝。中國目錄學家、印刷史專家。著有《中國印刷術的發明及其影響》、《中國印刷術史》、《中越關係史論文集》。

第六章　海外傳揚中華文化與第三個十年出版成果

這章要講的彭公回憶實記，從一九九一年（民80）到二〇〇〇年（民89），彭公年紀五十三到六十二歲，還可以算人生的盛年階段，而智慧達到最成熟。文史哲出版社的經營進入第三個十年，其出版量又超越了上個十年。對彭正雄而言，任何事沒有「最好」，只有「更好」；出版的書量也永遠沒有「最多」，只有「更多」更好。更多更好更能把中國固有文化傳揚出去，與更多的文化人（學者、作家、詩人）結一份好緣。

本階段的第一年，彭正雄端出自己的大作《歷代賢母事略》。（註①）厚重的二百七十餘頁，把中華民族有史以來「偉大的母親」表揚一番，他深入史料，引經據典，把所有的「好媽媽」典範都找出來。從唐虞、夏、商、周，到秦、漢、三國、晉、南北朝、隋、唐、五代、宋、元、明、清，到民國。上下幾千年，最早棄的母親姜嫄、契的母親簡狄、啟的母親塗山氏……到民國蔣中正的母親王太夫人、胡適的母親馮太夫人。總共寫了二百一十二位偉大的母親，由於有這些了不起的母親們，才教出中華民族歷史上這麼多偉人。

邀請大陸學者古繼堂和名詩人雁翼來訪

本階段彭正雄對於兩岸文化出版交流依然持續著，除了他到大陸參加活動，在臺灣舉辦更積極參與。例如，一九九七年八月，第二屆華文出版聯誼會，在臺灣師範大學舉行，大陸、香港、臺灣各有龐大代表團，彭正雄是臺灣代表之一也是籌備會成員，彭也針對兩岸出版問題提出重要議案，以期擴大兩岸文化出版交流。

邀請大師級文化人來臺訪問，是彭正雄另一用心之處。如一九九五年，邀請大陸學者古繼堂和名詩人雁翼來訪。而一時轟動全臺灣的是，邀請創造美國百老匯奇蹟的王洛勇來訪（詳見第九章）。

惟本章要談彭正雄文化使命另一亮點，即海外傳揚中國固有文化，如參加日本東京國際圖書展，到新加坡國立大學發表學術論文，把中國古籍、詩詞，介紹給海外華人和國際人士。這章就以彭正雄在新加坡事蹟為主述，而重中之重當然是這十年的出版成果。

壹、發表〈臺灣地區古籍整理及其貢獻〉論文（註②）

一九九四年五月，新加坡同安會館舉辦第三屆國際學術研討會，主題是「傳統文化的歷史與現代意義」。彭正雄和東吳大學中文研究所所長王國良教授應邀參加，彭正雄並在五月二十二日代表臺灣，發表論文〈臺灣地區古籍整理及其貢獻〉。該論文長達一萬五千餘字，大要梳理政府遷台後，臺灣地區對於我國古籍整理和貢獻，當時政府有心於復興中華文化，民間文化界也有一些像彭正雄這樣有使命感的人。是故，對此項文化工作才會小有成就，論文也指出若干尚待克服的問題。

由於該論文頗長，本文僅能針對要點簡略介紹。彭文區分典藏、編目、標點、校勘、注釋與語譯、索引、資料、彙編、傳佈、利用、貢獻、檢討十二節及緒言結論。這是一篇簡約而宏觀的學術論文，直指我國在復興固有文化之際，古籍整理的努力方向和問題所在。本文引該論文結論部份段落，讀者或許可以窺豹一斑。（註③）

> 可是政府的高層人士，可說無人對古籍整理有正確且較深的認識。所以未能如中國大陸在國務院設小組，若干學術機構設專業單位，大專院校設專業系所，出版界有專業書刊，學報以及定期刊物有計劃的從事古籍整理工作，不僅累積經驗，而且常有建議性及批評性的文字，多能客觀、公正，彼此也能平心靜氣就事論事。

私人基金的資源也日漸豐厚，可是主其事的則極少能注意及此。所幸早些年出版界部份以影印古籍起家的，為了回饋社會，偶有贊助古籍的整理工作，可是力量有限，且這一行業日漸滑坡，所以功效有限。

最主要的，倒是研究生的學位論文、大專教師及研究人員的升等論文，各種獎助金的申請論文，對於古籍整理的比例雖小，因基數大，仍有一些成果。而且這區塊很小，成員又多師弟相承，或是同學、朋友和衷共濟，總能有些成績，且都是出於自願，也比較能作較專深的投入。

臺灣地狹人稠，聞過易怒，所以極少有真的書評，既使客觀公正也難免招禍。沒有書評便不易進步。

有感社會日益功利化掛帥，然而古籍整理不能急功近利，肯投入這領域的人漸少，加上中國大陸的衝擊，都將影響未來的發展。

綜觀五〇年代中期以來的四十年間，若不是王雲五、蔣復璁、屈萬里、臺靜農、高明、楊家駱、周憲文、嚴靈峰、昌彼得諸位先進等投入古籍整理工作，真不知道古籍書能有什麼成果可言。然而老成日漸凋零，且人治不如法治，有識之士亟應建立一套健全的、宏觀的制度，才能在既有的基礎上日益光大這一不朽的盛事。

古籍整理和出版，可以說是彭正雄早在學生書局工作，就已養成的興趣並發展出自己的文化使命，立下這輩子要以出版的方式，為中國歷代各類經典著作做出傳揚之宏願。他對這個問題的理解極為深入，對兩岸政府和民間的生態環境也很清楚，所以筆者發現他數十年來對我國古籍的用心付出，正是補他結論中所述政府的不足。

第一、結論提到政府高層無人對古籍整理有較深認識，未能如中國大陸在國務院下設小組，學術機構設專業單位，大學院校設專業系所，出版界有專業書刊，有計劃性的從事古籍整理工作，這可使經驗得以累積。建立了客觀、公正的評論制度，也較能就事論事，對歷史文化資產的保存才能有貢獻。彭正雄所述是另一種永遠不能解決的「臺灣問題」，他只好用自己的力量，儘可能「補足」政府之所缺。回顧半個世紀來，他對中國古籍整理出版，超過集團和政府所為，他只問「能為中華民族做什麼？」

第二、社會日愈功利化，這一行業（指中華文化學術出版品）日漸滑坡，肯投入的人越來越少。這是實話，在現代功利社會指引下，一切商品講求市場和利潤，古籍整理出版是無利可圖的「夕陽工業」。但固有文化是無價之寶，是國家民族之根，所謂「亡其國必先亡其文化」，彭正雄深悟此道。他逆向操作，不顧市場和利潤，用幾本「賺錢的書」所得利潤，「養」出近千本不賺錢的書（文化學術）。這種使命感是一種「偉大」的情操，未來的中國史對有功於民族者，彭正雄一定會記上好幾筆。至少以史筆自居的筆者，就正以真實和良心記上一大筆。

第三、彭正雄提到往昔四十年間，王雲五、蔣復璁、屈萬里、臺靜農、高明、楊家駱、周憲文、嚴靈峰、昌彼德等諸先進，他們都積極投入古籍整理工作，才使固有文化保存有些成果。這裡彭正雄沒有提他自己，他一向低調謙虛，只是埋頭苦幹實幹。但我這「史官」不能不說，彭正雄的貢獻超越了他們，原因是他們對古籍整理出版並非「專職」在做，彭正雄則是專職投入一輩子。

以上是筆者對彭正雄那篇論文的感慨和補述。新加坡發表論文回國在飛機上有一趣事，他訂的機票是經濟艙，到了機場劃位跑出商務艙，來回三次仍是商務艙，再度撕票（作廢）。小姐就以手動劃位經濟艙，彭上機在經濟艙坐定位時，空姐又來請彭先生去坐商務艙。彭問明原因，原來是我駐新加坡使館交待航空公司，把彭先生升級坐商務艙以示禮遇。

貳、發表〈臺灣地區古典詩詞出版品的回顧與展望〉論文（註④）

從新加坡發表論文回國次年，一九九五年八月，新加坡同安會館暨新加坡國立大學，共同主辦「國際學術研討會—詩詞欣賞與研究」，彭正雄再度應邀參加與會，並於二十七日發表〈臺灣地區古典詩詞出版品的回顧與展望〉論文一篇。這篇論文本文和附錄各約一萬字，附錄〈臺灣近三十年古典詩詞研究的博碩士論文〉，在博士論文方面，自一九六一到一九九〇年，詩研究有五十二本（研究生），詞研究有十本（研究生）；在碩士論文方面，自一九八〇到一九九〇年，詩研究有一百九十八本（研究生），詞研究有四十五本（研究生）。

論文本文也頗長，區分影印古籍、校注與賞析、書目和索引、辭典與資料彙編、研究專著、研討會論文集、檢討與展望與總結等各節詳論。以下引彭正雄論文的總結和建議如後。（註⑤）

針對彭公意見，筆者再加以申論。第一在中國古典詩詞整理和出版方面，在過去的三十年（約指政府遷台到民國八〇年代數十年間），相較於大陸、香港、新加坡，臺灣確實比較進步，做出了一定成果。但民國八〇年代也是大陸超越臺灣的年代，這是因為之前大陸搞「文革」才落後，之後大陸不搞文革了，變成臺灣搞文革，因此臺灣落後了。再往後，臺灣開始更嚴重的「去中國化」，再搞下去，臺灣將回到「石器時代」。因為這些古籍、詩詞乃至文字、語言、宗教、習俗……全是源於中國文化。若要全部「清洗掉」，臺灣還有什麼？

第二、固有文化的傳揚必須國家支持，有專責機關的人力和預算，成為常態政策執行，如是則文化復興有望，民族興盛而國家強大，人民在國際上才有尊嚴。彭正雄的論文提到，對固有文化的維護，臺灣政府越來越「放牛吃草」，這是極為不智的。反觀大陸，政府積極支持，有人才有預算。因此復興中華文化在大陸做的很有成果，甚至傳揚到國際（如世界各地有數百孔子學院）。

復興固有文化的範圍很廣，在古典詩詞等古籍整理這部份，不能只靠民間而政府不管。因為這並非單純的市場和利潤，這也是國家民族的千秋大業，文化不僅是國家民族存亡根本，在現代社會也是「軟實力」。

第三、加強兩岸文教事業的合作。彭正雄提到這部份，主要在避免人力資產金錢的浪費。但筆者更強調，兩岸不僅是文教事業要「合」，其他文化、文學、文藝……乃至經濟、政治……全都要「合」，中國人常說「天下大勢，分久必合，合久必分」。大勢如長江黃河的浪潮，如何抗拒？死硬抗拒也必被「吃掉」，與其如此，不如順勢而合，乃「因緣俱足、修成正果」。

二〇一八年二月二十八日，大陸國台辦公告「惠台31項」，其中包含不少文化文教，在強力「磁吸效應」下，兩岸必將加速趨「合」。如是，對彭正雄以「復興中華文化為己任」，以及文史哲出版社的發展，都是大大有利，因為文史哲出版品幾乎全在中國文化範圍內，中華文化才是最大最具優勢的市場。

兩岸未來趨「合」的模式也不外兩種。一者從「和合」或半被迫到完成統一，這個過程大約二十年左右。二者臺灣獨派更明目搞「去中國化」，以各種方式趨向台獨，如此必將引來「武統」，此即所謂「急獨即急統、緩獨則緩統」。而不論那一種模式的趨合，對彭正雄及其出版社都是大大有利。畢竟，中國古籍經典的整理和出版行銷，大陸才是最大的市場。

彭正雄在論文最後說，「兩岸能夠加強文教事業的合作，共同努力，相信彼此都可獲致更大的成績，分享更多的成果。」未來是樂觀的。彭正雄一生堅持的理想，傳揚中華文化的願景，可望於不久的未來（二〇二五年前），由他的接班人（他的長女）

彭雅雲小姐，取得巨大成果，實現她老爸的理想。

附帶一說，彭正雄這次到新加坡同安會館暨新加坡國立大學發表論文，同時贈送該大學「漢學中心」中國文史哲古籍經典七百七十五冊。這批書要運到新加坡，須運費一萬六千元，彭想到外交部以「外交互惠」可免運費，而且等於政府和民間合作做好一件外交交流工作。可惜他的努力都碰了釘子，他只好自行處理運費問題，他只能事後抱怨公務員的官僚心態太嚴重了。花三桌酒席，不願花費一萬六千元，或「外交互惠」可免運費方式。

邱大使勛鑒：

邮於去年五月偕東吳大學中文研究所所長王國良教授，參加新加坡同安會館所舉辦的第三屆國際學術研討會「傳統文化的歷史與現代意義」，代表臺灣提出論文<臺灣地區古籍整理及其貢獻>一篇，會後晚宴曾會見　大使，搭機返臺時，承蒙您特別關照，我們得到乘坐商務艙的禮遇，在此一併致上我們的謝意！

會後與新加坡大學中文系楊松年教授晤談中得知該校將成立漢學研究中心，邮從事學術出版事業多年，樂以綿薄之力促進兩國之文化交流，卯思贈送該中心本社所有學術專著約七百餘冊，而新加坡大學則自願提供書籍運費（約新臺幣壹萬捌仟元），近日並接獲該中心來函邀請參加五月中旬的贈書儀式。

因考慮兩國文化交流工作，除民間投入外，若能再結合政府的力量共同完成，當更具實質的交流意義，因此希望貴使館能撥款提供運費，以充份展現我公私兩方贈書之美意。特此為禀，敬祈　大使考慮後儘速示截是禱！隨函附上新加坡大學邀請函影本及本社贈書清單乙份，統希　察照，敬維
勛維卓越

文史哲出版社彭正雄　　敬啓

中　華　民　國　八　十　四　年　三　月　二　十　一　日

正雄社長大鑒：本（八十四）年三月廿一日
大函暨附件均敬悉。欣聞　貴社擬致贈相關學術專著約七百餘冊圖書予新加坡國立大學漢學研究中心以供研究之用，對促進漢學在海外發揚光大暨中、星兩國學術文化之交流，貢獻良多，令人感佩。至於　建議本處提供書籍運費事，經本處相關同仁聯繫該中心王代主任康鼎博士復告稱，該中心對貴社慷慨贈書之舉，銘感五內，至於運書費用，該中心理應自行負擔並已籌措妥善等語。知關廣注，特此奉聞，尊駕何時蒞星，盼能事先函告為盼。耑此奉復，並頌
時祺

弟　　敬啓

中華民國八十四年三月卅一日

駐新加坡臺北代表處用箋

參、第三個十年出版成果（民80—民89）

〈文史哲學集成〉

李立信著，《杜詩流傳韓國考》
趙振績著，《契丹族系源流考》
陳飛龍著，《王思任文論及其年譜》
張少康著，《文心雕龍新探》
汪志勇著，《談俗說戲》
王更生著，《文心雕龍新論》
葉程義著，《王國維詞論研究》
李致洙著，《陸游詩研究》
薛文郎著，《清初三帝消滅漢人民族思想之策》
譚興萍著，《中國書法用筆與篆隸研究》
周行之著，《魯迅與「左聯」》
沈　謙著，《文心雕龍與現代修辭學》

涂公遂著，《艾廬文史論述》
林漢仕著，《否泰輯真》
唐瑞裕著，《清代吏治探微》
張復華著，《北宋中期以後之官制改革》
王居恭著，《漫談周易》、《周易旁通》
鄭樑生著，《中日關係史研究論集》(二)
王　甦著，《退溪學論集》
那思陸著，《清代中央司法審判制度》
李台生著，《中山先生大亞洲主義研究》
簡恩定著，《中國文學復古風氣研究》
張秀民著，《中越關係史論文集》
古苓光著，《周德清與曲學研究》
李賢中著，《先秦名家「名實」思想探析》
董季棠著，《修辭析論》
林漢仕著，《易傳綜理》
朱冠華著，《風詩序與左傳史實關係之研究》
鄧國光著，《韓愈文統探微》
馮永敏著，《劉師培及其文學研究》

町田三郎著、連清吉譯，《日本幕末以來之漢學家及其著作》
趙汝樂著，《唐宋變革時期軍政制度史研究──三班官制之演》
閻崇年著，《奴爾哈赤傳》
朱金城著，《白居易研究》
羅宗強著，《玄學與魏晉士人心態》
李建中著，《瓶中審醜──金瓶梅「色」之批判》
王福民著，《靈犀詩論》
吳振漢著，《國民政府時期的地方派系意識》
葉程義著，《老子道經管窺》
龔道運著，《中國宗教論集》、《先秦儒家美學論集》
蕭　蕭著，《從鍾嶸詩品到司空詩品》
沈秋雄著，《詩學十論》
蔡宗陽著，《陳騤《文則》新論》
鄭樑生著，《中日關係史研究論集》(三)
彭雅玲著，《史通的歷史敘述理論》
李添富著，《晚唐律體詩用韻通轉之研究》
方元珍著，《王荊公散文研究》
王國良著，《顏之推冤魂志研究》

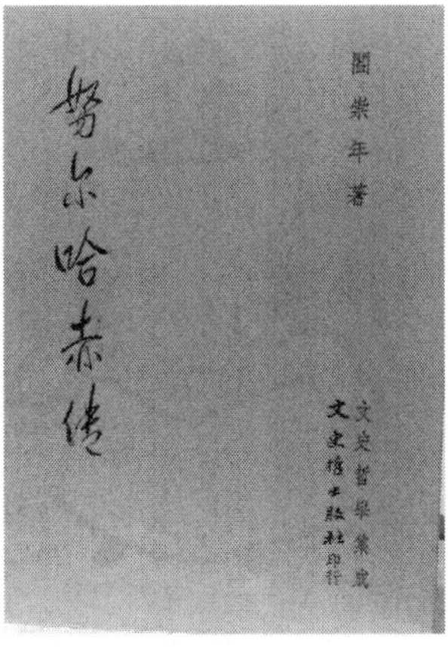

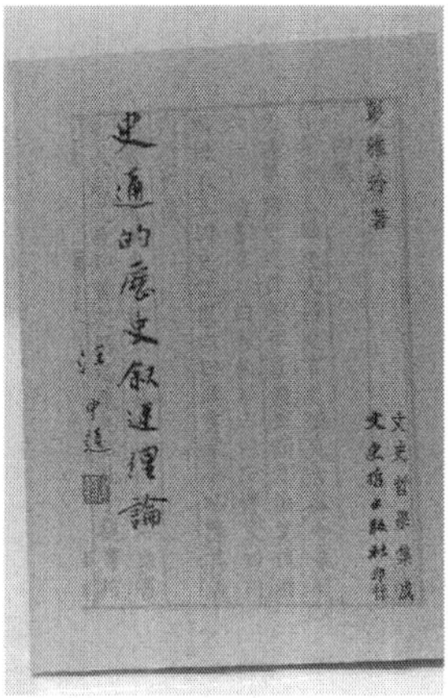

胡自逢著，《五經治要》
何廣棪著，《陳振孫之生平及其著述研究》
郭立誠著，《郭立誠的學術論著》
金民那著，《文心雕龍的美學》
黃嫣梨著，《蔣春霖評傳》
鄭　均著，《戰國紀事》
方俊吉著，《孟子學說及其在宋代之振興》
郭紹林著，《唐代士大夫與佛教》
傅璇琮著，《唐代科舉與文學》
李建中著，《心哉美矣—魏六朝文心流變史》
談遠平著，《論陽明哲學之圓融統觀》
曹愉生著，《唐代詩論與畫論之關係研究—僅以詩畫詩之專著為研究對象》
呂進安著，《孔子之仁與墨子兼愛比較研究》
陳德和著，《從老莊思想詮詁莊書外雜篇的生命哲學》
王文顏著，《佛典重譯經研究與考錄》
丘述堯著，《古藝文探索舉隅》
朱金城著，《李白的價值重估》
欒調甫著，《齊民要術考證》

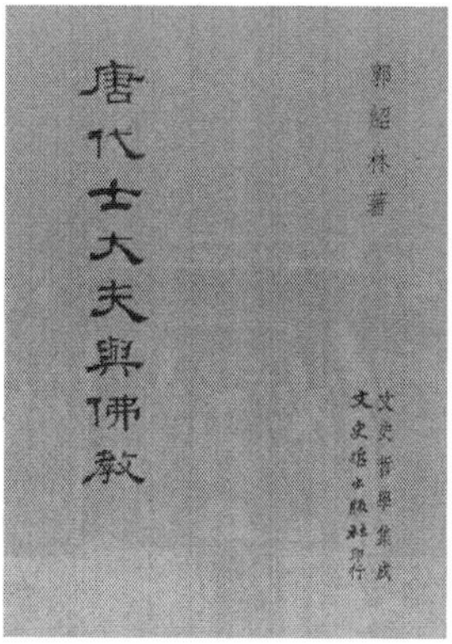

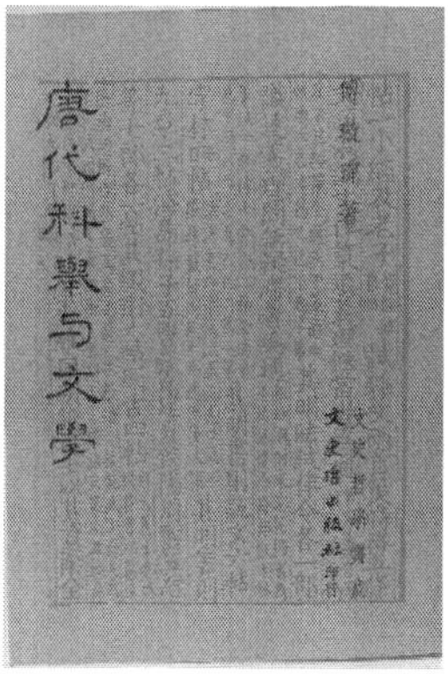

黃忠慎著，《惠周惕《詩說》析評》
詹秀惠著，《蕭子顯及其文學批評》
陳引馳著，《莊學文藝觀研究》
趙雨樂著，《唐宋變革期之軍政制度—官僚機構與等級之編》
鄭樑生著，《中日關係史研究論集》(四)
季旭昇著，《詩經古義新證》
蔣子駿著，《國民革命與臺灣之關係》
張　健著，《王士禎論詩絕句三十二首箋證》
張　靜著，《漢語語法疑難探解》
林慶彰著，《明代經學研究論集》
楊松年著，《中國文學批評問題研究論集》
閻崇年著，《袁崇煥研究論集》
喬衍琯著，《崇文總目考評》
嚴靈峰著，《馬王堆帛書易經斠理》
王家儉著，《清史研究論藪》
吳福助著，《秦始皇刻石考》
嚴靈峰著，《列子辯誣及其中心思想》

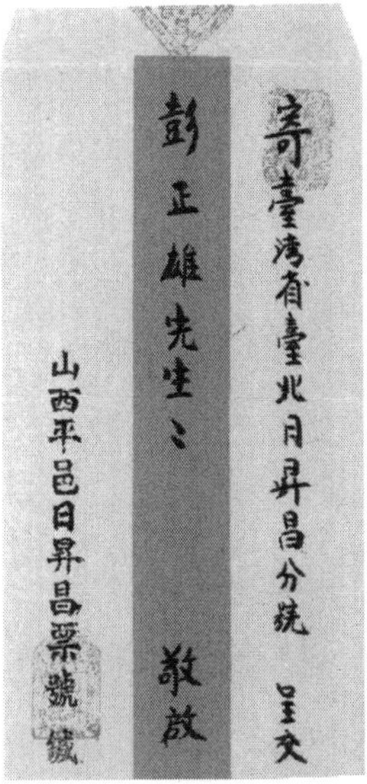

清朝山西平遙匯票盛行經濟昌隆。
一九九七年文協遼寧盤錦詩歌研討會行經山西平遙取得復製

樊　浩著，《中國倫理精神的歷史建構》
謝重光著，《陳元光與漳州早期開發史研究》
鄧　啟著，《國史新論—指誤與創見》
余賢珠著，《唐五代敦煌民歌》
趙吉惠著，《中國文化導論》
陳慶輝著，《中國詩學》
王　甦著，《中道探微》
杜松柏著，《知止齋禪學論文集》
莊吉發著，《清代秘密會黨史研究》
周聰俊著，《裸禮考辨》
林漢仕著，《易經傳傳》
崔大華著，《莊學研究》
徐信義著，《詞譜格律原論》
黃文吉著，《北宋十大詞家研究》
鄭樑生著，《中日關係史研究論集》(五)
黃桂蘭著，《吳嘉記《陋軒詩》之研究》
張夢機著，《藥樓文稿》

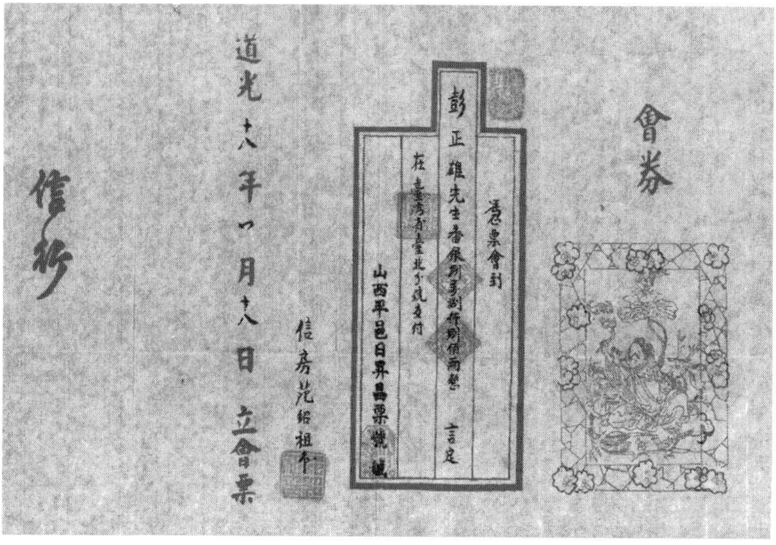

朱歧祥著，《王國維學術研究》

劉增泉著，《古代中國與羅馬之關係》

楊松年著，《杜甫《戲爲六絕句》研究》↓

鄭定國著，《周禮夏官的軍事思想》

傅璇琮著，《唐詩論學叢稿》

馬國瑤著，《荀子政治理論與實踐》

胡自逢著，《程伊川易學述評》

李煥明著，《比較易學論衡》

王常新著，《文學評論發凡》

劉文起著，《王符《潛夫論》所反映的東漢情勢》

姚樹聲著，《孔孟的生平及其思想新評詁》

梁明雄著，《日據時期臺灣新文學研究》

莊吉發著，《薩滿信仰的歷史考察》

唐玲玲、周偉民著，《蘇軾思想研究》

鄭樑生著，《中日關係史研究論集》(六)

陳遠止著，《書經高本漢注釋斠補》

李卓藩著，《李賀詩新探》

蕭瑞峰著，《多情自古傷別離—古典文學別離主題研究》

10　1995年8月31日　星期四　新加坡新闻　联合早报

国大汉学研究中心首两部学术丛书发布

研究中心图书室也获赠学术专著七百余册

国大中文系汉学研究中心代主任王慷鼎博士所著的《新加坡华文日报社论研究，1945—1959》，以及中文系副教授杨松年博士所著的《杜甫〈戏为六绝句〉研究》这两本书，昨天正式发布。

此外，台湾文史哲出版社昨天也将该社出版的775册学术专著，赠送给汉学研究中心图书室。

两部新书的发布会及赠书仪式，昨天上午在国大文学院谭氏基金大厦举行，由文学院院长陈照忠副教授主持。

《新加坡华文日报社论研究》获得华文新闻业基金赞助1万元出版，列为汉学研究中心学术丛书第一本。《杜甫〈戏为六绝句〉研究》则获得台湾文史哲出版社赞助出版，被列为汉学研究中心学术丛书第二本。

台湾文史哲出版社总编辑暨董事长彭正雄在仪式上将该社出版的775册学术专著赠给汉学研究中心图书室，这批专著约值1万3000元；彭正雄也同意今后每年出版一、两部由汉学研究中心推荐的专著。

国大中文系主任暨汉学研究中心主任陈荣照副教授，在向华文新闻业基金和台湾文史哲出版社致谢时透露，汉学研究中心第一阶段的研究工作侧重在儒家思想文化和华社历史与文化方面，目前已开展的研究项目共有5个专题；另外，还有几个项目正在向校方申请研究经费。

他也宣布，美国普林斯顿大学的余英时教授和香港大学的王赓武教授已同意担任汉学研究中心的顾问；余、王两位教授都是国际汉学研究的著名学者。

新加坡报业控股集团华文报/报章服务集团总经理周景锐受访时表示，华文新闻业基金一向选择华文新闻工作者的著作为赞助对象，这是第一次赞助学术机构。

他说："这次选择赞助王博士的著作是因为它的重点以报章社论为主。今后学术界如有研究华文新闻事业的计划，华文新闻基金也会考虑赞助出版。"

彭正雄受访时说："我希望能抛砖引玉，使中心图书室的藏书更丰富，并为发扬传统文化，尽一份绵力。"他表示，返台后将再从仓库中仔细筛选，预料可赠送给汉学研究中心的学术著作可达800多册。

王慷鼎博士（右）的《新加坡华文日报社论研究，1945—1959》和杨松年副教授的《杜甫〈戏为六绝句〉研究》，昨天正式发布。

顏天佑著，《元雜劇八論》

郭永榕著，《杜甫文學遊歷：杜少陵傳》

李家樹著，《王質《詩總聞》研究》

李雄溪著，《高本漢雅頌注釋斠正》

何琳儀著，《古幣叢考》

魏美月著，《清乾隆時期查抄案件研究》

黃坤堯著，《詩歌之審美與結構》

黎活仁著，《盧卡契對中國文學之影響》

曾達聰著，《南曲譜法—調與字調》

盧雪崑著，《意志與自由—康德道德哲學研究》

劉增傑主編，《中國近代文學思潮》

鄭樑生著，《中日關係史研究論集》(七)

張壽安著，《龔自珍學術思想研究》

胡詠超著，《文史論學集》

馮永敏著，《散文鑑賞藝術探微》

鄭滋斌著，《陸游南唐書本紀考釋及史事補遺》

尤雅姿著，《魏晉士人之思想與文化研究》

張壽安著，《歷史的嵇康與玄學的嵇康—從玄學史看嵇康思想的兩個側面》

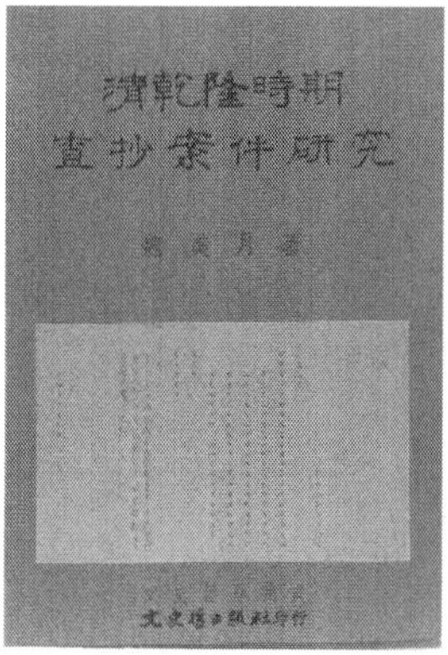

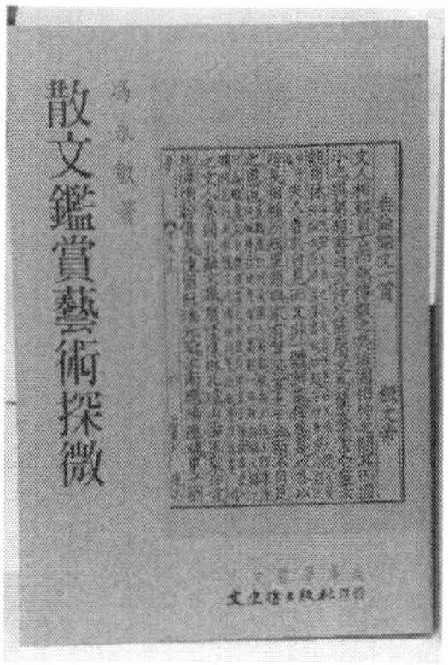

莊吉發著，《清史論集》(一)《清史論集》(二)
鄭樑生著，《中日關係史研究論集》(八)
陳雄勳著，《知止齋論學集—詩歌論．詩詞課文叢合集》
李葆嘉著，《混成與推移—中國語言的文化闡釋》
唐瑞裕著，《清代吏治探微》(二)
王隆升著，《文學時空與生命情調》
古遠清著，《中國大陸當代文學理論批評史》(上、下)
吳復生著，《荀子思想新探》
莊吉發著，《清史論集》(三)
林漢仕著，《周易匯真》
廖名春著，《帛書《易傳》初探》
李卓藩著，《韓愈詩初探》
楊松年著，《姚瑩《論詩絕句六十首》論析》
王國良著，《冥祥記研究》
林麗娥著，《大陸文革後二十年書法藝術活動之研究》
鄭樑生著，《中日關係史研究論集》(九)
林漢仕著，《易傳廣玩》

鄭樑生著，《朱子學之東傳日本及其發展》
欒梅健著，《前工業文明與中國文學》
李雄溪著，《中國語文叢稿》
鄭定國著，《邵雍及其詩學研究》
吳　敢著，《中國小說戲曲論學集》
陳萬鼐著，《中國古代音樂研究》
單周堯著，《左傳學論集》、《文字訓詁叢稿》
莊吉發著，《清史論集》(四)、《清史論集》(五)
鄭　均著，《讖緯考述》
周慶華著，《文苑馳走》
胡自逢著，《易學識小》
葉鍵得著，《反訓研究》
林炯陽著，《林炯陽教授論學集》
許玟芳著，《文心雕龍文體論中自然崇拜與祖先崇拜之研究—從人類學及宗教社會學抉微》
朱碧蓮著，《楚辭論學叢稿》

〈文史哲學術叢刊〉

吳萬居著，《宋代書院與宋代學術之關係》

張堂錡著，《黃遵憲及其詩研究》
戴文和著，《唐詩、宋詩之爭研究》
姬秀珠著，《明初大儒方孝孺研究》
焦明晨著，《敦煌寫卷書法研究》
詹　瑋著，《吳稚暉與國語運動》
楊旻瑋著，《唐代音樂文化之研究》
周慶華著，《詩話摘句批評研究》
黃熾霖著，《曹魏時期中央政務機關之研究—兼論曹操與司馬氏整政制之影響》
林清美著，《想像的邊疆—論李商隱詩中的否定句》
李子玲著，《聞一多詩學論稿》
徐安琨著，《清代大運河鹽梟研究》
陳俊強著，《魏晉南朝恩赦制度的探討》

〈人文社會科學叢書〉

許俊雅著，《日據時期臺灣小說研究》
黃錦珠著，《晚清時期小說觀念之轉變》
張哲郎著，《明代巡撫研究》
季旭昇著，《甲骨文字根研究》

〈文學叢刊〉

楊昌年著，《現代詩的創作與欣賞》

古繼堂著，《臺灣新詩發展史》

古繼堂著，《臺灣小說發展史》

周偉民、唐玲玲著，《日月的雙軌》

蔡源煌等著，《門羅天下—當代名家論羅門》

蕭　蕭著，《現代詩縱橫觀》

墨　人著，《大陸文學之旅》

張堂錡著，《生命的風景—人物專訪》（新、舊版）

詩潮社編輯，《民族文學的良心：高準作品評論選》

王祿松著，《唯愛》

李小明著，《新古典主義詩學》

羅　門著，《羅門散文精選》、《誰能買下這條天地線》

朱　徽著，《羅門詩一百首賞析》

夏美馴著，《西北高原行》

蕭　蕭著，《詩儒的創造》

蕭　蕭編，《詩痴的刻痕》

墨　人著，《墨人半世紀詩選》

蓉　子著，《千曲之聲》

蕭　蕭著，《永遠的青鳥》

張　健著，《人間煙雲》

張　放著，《走過泉城》、《浮生隨筆》、《海兮》

戴麗珠著，《戴麗珠的散文作品》

沈定濤著，《清大有種會啄人的鳥》

張　放著，《情繫江家峪》、《歷史的誤會》

中華民國新詩學會編，《中華新詩選》

碧　果著，《愛的語碼》

魏子雲著，《星色的鴿哨》

紀　弦著，《千金之旅》

林漢仕著，《錦繡河山見聞》

汪義生著，《藍海文和他的新古典主義》

廖棟樑、周志煌編，《人文風景的鐫刻者—葉維廉作品評論集》

沈定濤著，《加州的夏日風情》

張　翊著，《幼愚隨筆》

卜　寧（無名氏）著，《抒情煙雲》（上、下）

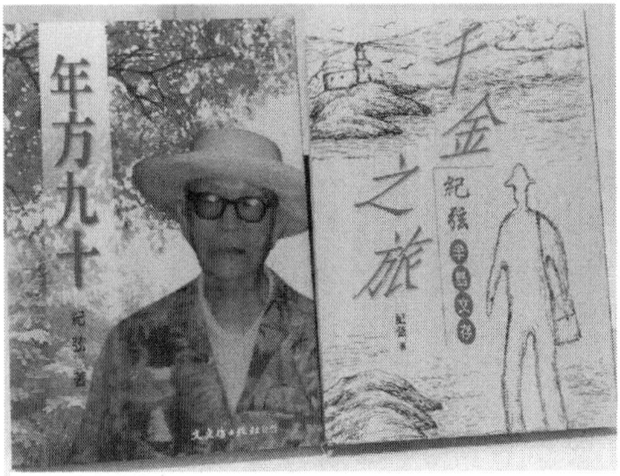

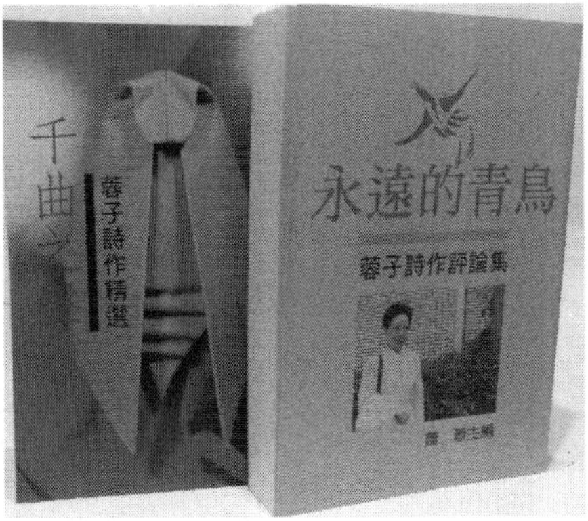

紀弦最後兩本散文、詩集著作在文史哲

曾淑貞著，《疼惜秋扇》、《愛的旅程》
胡升堂著，《三峽紀行》
唐潤鈿著，《彩色人生》
卜　寧（無名氏）著，《北極風情話》
卜　寧（無名氏）著，《塔裡的女人》
胡全木著，《寰宇遊蹤》
趙文藝著，《一朵盛開的曇花》
魏彥才著，《閑情記舊》
劉榮生著，《東橋說詩》
呂大朋著，《菜根人生》、《幾何緣三角情》
古遠清著，《看你名字的繁卉：蓉子詩賞析》
李威熊著，《心影片片》
呂大朋著，《心靈成長的喜悅》
柯玉雪著，《靈感與毒箭》
李　玉著，《走過的歲月》、《旅痕—散文集》
卜　寧（無名氏）著，《創世紀大菩提》（上、下冊）
朱介凡著，《壽堂雜憶》（上、下冊）
周慶華著，《追夜》

徐世澤著，《擁抱地球》
陳新雄著，《伯元倚聲・和蘇樂府》
吳偉英著，《夢縈故鄉》、《萬里遊蹤》
羅　門著，《在詩中飛行—羅門詩選半世紀》
羅　門著，《存在終極價值的追索》
李宜涯著，《當代名著欣賞》
黃坤堯著，《清懷詞稿・和蘇樂府》
蕭　蕭著，《皈依風皈依松》、《凝神》
唐先田著，《追求和諧》
無名氏著，《海艷》（上、下）
張培耕著，《駕駛與人生》
陳新雄著，《伯元吟草》、《古虔文集》
柯玉雪著，《調音師》
呂玉虎著，《驀然回首》
龍彼德等著，《心靈世界的回響—羅門詩作評論集》
墨　人著，《全宋詩尋幽探微》

〈戲曲研究系列〉

李惠綿著，《元明清戲曲搬演論研究—曲牌體戲曲為範疇》
蔡欣欣著，《雜技與戲曲發展之研究—先秦角觝到元代雜劇》
許子漢著，《元雜劇聯套研究》
游宗蓉著，《元雜劇排場研究》
林宗毅著，《西廂記二論》
郝譽翔著，《民間目連戲中庶民文化之探討》

《現代文學研究叢刊》

鍾怡雯著，《莫言小說：「歷史」的重構》
王潤華著，《沈從文小說理論與作品新論》
陳大為著，《存在的斷層掃描—羅門都市詩論》
張艾弓著，《羅門論》
金尚浩著，《中國早期三大新詩人研究》
朱棟霖等編，《二十世紀中國文學史》（上、下冊）

《臺灣近百年研究叢刊》

李仕芬著，《愛情與婚姻：臺灣當代女作家小說研究》
林政華著，《臺灣小說名著新探》

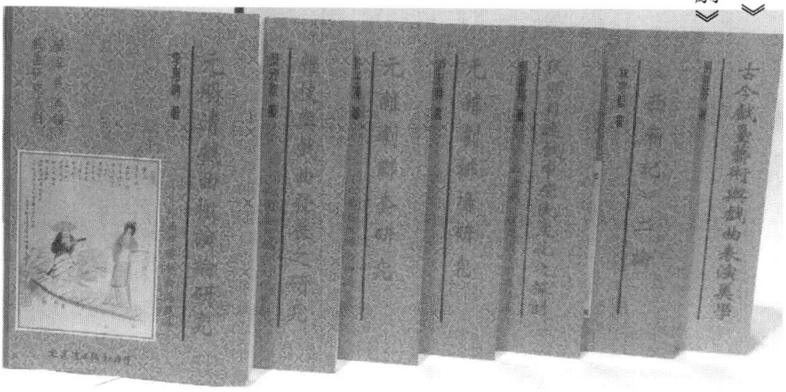

陳明台著，《臺灣文學研究論集》

許俊雅著，《臺灣文學散論》

陳黃金川著，《金川詩草百首鑑賞》

廖一瑾著，《臺灣詩史》

施炳華著，《〈荔鏡記〉音樂與語言之研究》

梁明雄著，《日據時期臺灣新文學研究》

黎活仁著，《臺灣後設小說研究》

〈羅門創作大系〉（十種平裝十冊．羅門著）

《戰爭論》、《都市詩》、《自然詩》、《題外詩》

《自我．時空．死亡詩》、《素描與抒情詩》、

《麥堅利堡特輯》、《羅門論文集》、《論視覺藝術》

《燈屋．生活影像》

〈比較文學叢刊〉

王　立著，《中國古代文學的十大主題》

周建渝著，《才子佳人小說研究》

〈文史哲詩叢〉

雁　翼著，《花之戀（翼情詩集）》

藍海文著，《昨夜不是夢》

汪洋萍著，《心影集》、《心聲集》、《祖露心靈》

藍善仁著，《心靈上的陽光》、《青溪涓涓流過》

上官予著，《春之海》

文曉村編，《葡萄園三十周年詩選》

張大水著，《大水漫過深冬》

王玉、王幸著，《愛的心音》

張　健著，《神秘的第五季》、《春夏秋冬》

藍　雲著，《方塊舞》、《燈語》

晶晶、麥穗著，《三月情懷》

周伯乃主編，《中國詩歌選》

詩　薇著，《情結》

簡如芬著，《十五歲之歌》

張朗、藍雲主編，《三月交響》（三月詩會同仁選集之二）

雨　弦著，《籠中無鳥》、《雨弦詩選》

一　信著，《婚姻有哭有笑有車子》

心　弦著，《心弦詩集》

張　健著，《玫瑰歲月》

楊銘華著，《聽聽那聲音》

鍾　雷著，《拾夢草》

童佑華著，《風雨街燈》

劉菲、汪洋萍主編，《三月風華》

徐世澤著，《詩的五重奏》

新詩學會編，《中華新詩選粹》

林雅玫、雨弦著，《蘋果之傷》

王性初著，《月亮的青春期》

許之遠著，《致屈原：新詩集》

劉小梅著，《影像的約會》、《驚豔》

劉正偉著，《思憶症》

杜　萱著，《如果河水醒來》

簡　婉著，《雲語》

〈圖書與資訊集成〉

胡楚生著，《中國目錄學》

周彥文著，《日本九州大學文學部書庫漢籍目錄》

王錫璋著，《知識的門徑—圖書館．讀書與出版》
周彥文著，《日本九州大學文學部書庫明版圖錄》
王錫璋著，《圖書館的參考服務：理論與實務》
陳信元著，《兩岸及港澳出版事業的發展與整合》
嚴文郁著，《美國圖書館名人傳略》
喬衍琯著，《古籍整理自選集》
王更生編，《臺灣近五十年文心雕龍研究論著摘要》
李筱眉著，《出版品國際交換研究》

《國學大師叢書》

吳有能著，《百家出入心無礙—勞思光教授》
吳彩娥著，《出經入史緒縱橫—王靜芝教授》
林明德著，《文論說部居泰山—王夢鷗教授》
游志誠著，《敦煌石窟寫經生—潘重規教授》
黃忠慎著，《古今文海騎鯨客—蘇雪林教授》

《比較研究叢刊》

秦家懿著，《儒與耶》

溫偉耀著，《成聖之道—北宋二程修養功夫論之研究》

趙衛民著，《莊子的道》

李翔海著，《尋求德性與理性的統一
—成中英本體詮釋學研究》

楊國榮著，《面向存在之思》

歐陽禮著，《歐陽文忠公遺跡與祠祀》

孫光浩著，《王安石冤屈新論》

〈傳記叢刊〉

彭正雄著，《歷代賢母事略》

顏儀民著，《慈禧太后和李蓮英—幽靈縹緲錄》

周櫟園等編著，《明清印人傳集成》

戴　凡著，《王洛勇：征服百老匯的中國小子》

李煥明著，《現代名人與養生》

〈藝術叢刊〉

倪再沁著，《李唐及其山水畫之研究》

倪再沁著，《宋代山水畫南渡之研究》
夏美馴著，《中華工藝至美的陶瓷》
崔峻豪著，《齊白石篆刻藝術的研究》
楊維鴻著，《八大山人書藝之研究》
李　沛著，《水墨山水畫創作之研究》
高　準著，《中國繪畫史導論》
何浩天著，《中華瑰寶知多少》
陳英偉著，《假設性後現代主義的虛實》

〈書目索引〉

傅璇琮編，《唐五代人物傳記資料綜合索引》
周何總編，《青銅器銘文檢索》
王會均著，《日文海南資料綜錄》
陳正治、謝慧暹著，《皇清經解正續編書題索引》
王會均著，《海南方志資料綜錄》
陳正治、謝慧暹著，《通志堂經解書題索引》
朴現圭著，《臺灣公藏韓國古書籍聯合書目》

〈國學〉

張肇祺著，《治學的基本方法》

〈論叢〉

師大中文編，《慶祝莆田黃天成先生七秩誕辰論文集》

中國唐代學會，《唐代文化研討會論文集》（二冊）

成大中文系，《魏晉南北朝文學與思想學術研討會論文集》（二冊）

政大中文系，《漢代文學與思想學術研討會論文集》（二冊）

央大共同科編，《第二屆明清之際中國文化轉變與延續學術研討會論文集》

祝壽編委會編，《陳伯元先生六秩壽慶論文集》

周偉民、唐玲玲編，《羅門．蓉子文學世界研討會論文集》

陳立夫等著，《瑞安林景伊教授八十冥誕紀念論文集》（二冊）

香港中文大學編，《魏晉南北朝文學論文集》

淡江中文系所編，《文學與美學》（三—六集）

臺灣師大．中研院史語所編，《甲骨文發現一百周年學術研討會論文集》

編輯委員會，《成惕軒先生逝世十周年紀念集》

詹秀惠著，《真堂學術論文集》

王靜芝等著，《訓詁論叢（第一屆中國訓詁學研討會）》

王靜芝等著，《訓詁論叢（第二屆中國訓詁學研討會）》

王靜芝等著，《訓詁論叢（第三屆中國訓詁學研討會）》

訓詁學研討會編委編，《訓詁論叢》（第四輯）

日本九州大學，《文心雕龍國際學術研討會論文集》

林慶彰編，《中國經學史論文選集》（上、下冊）

成大中文系編，《慶祝蘇雪林教授九秩晉五華誕學術論文集》

編委會編，《廉教授永英榮退紀念論文集》

編委會編，《慶祝王更生教授七秩嵩壽紀念論文集暨詩文集》

東海大學中文系編，《傳統文學的現代詮釋》

《第三屆魏晉南北朝文學國際學術研討會論文集》

《紀念許世瑛先生九十冥誕學術研討會論文集》

《劉正浩教授七十壽慶榮退紀念文集》

《徐文珊教授百歲冥誕紀念論文集》

《文心雕龍國際學術研討會論文集》（日本九州大學）

〈叢　書〉

楊壽丹著，《雲在山房類稿》（全三冊）

方祖燊著，《方祖燊全集》（五—十三冊）

方祖燊著，《方祖燊全集》（一—四冊）

方祖燊著，《方祖燊全集（五）中短篇小說選集》

方祖燊著，《方祖燊全集（六）散文雜文兒童文學》

方祖燊著，《方祖燊全集（七）漢詩建安詩魏晉論》

方祖燊著，《方祖燊全集（八）文學批評與評論》上編

方祖燊著，《方祖燊全集（九）文學批評與評論》下編

方祖燊著，《方祖燊全集（十）散文理論叢集》

方祖燊著，《方祖燊全集（十一）宋教仁傳》

方祖燊著，《方祖燊全集（十二）鴻雪泥集》

方祖燊著，《方祖燊全集（十三）方祖燊自傳》

方祖燊著，《方祖燊全集（十四）荒譚集》（這本是民國99年）

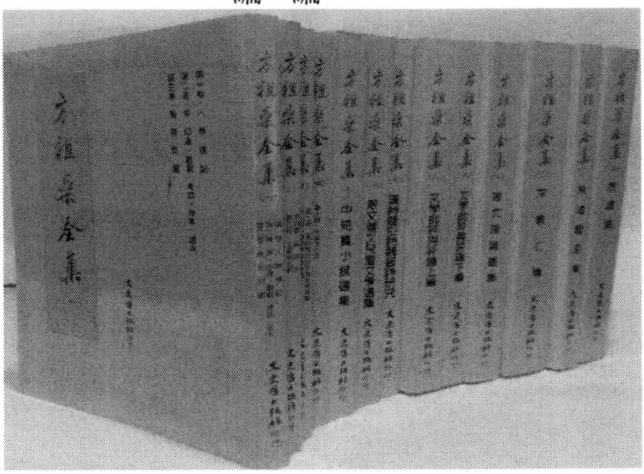

〈群　經〉

清．孫希旦撰，《禮記集解》（上、下鉛印標點本）（精二、平二）

〈哲學類〉

王樹枏著，《費氏古易訂文》

范耕研著，《蘊硯齋雜著兩種》（莊子章旨、莊子音）

李煥明編，《方東美先生哲學嘉言》

張肇祺著，《美學與藝術哲學論集》

葉程義著，《帛書老子校劉師培「老子斠補」疏證》

鍾克昌著，《帛書校王弼本諟正道德經本誼徽音》

范耕研著，《周易詁辭》（精一、平一）

范耕研著，《莊子詁義全稿》（精一、平一）

錢 濤著，《錦言警句》

劉昭仁著，《應用家庭倫理學》

張培耕著，《智慧的鑰匙》、《平衡的超越》

張培耕著，《太極氣功》

〈宗教類〉

王福民漢譯，《雅歌（The Song of Songs）》

戴麗珠寫定，《東坡禪喜集新書》

〈醫 藥〉

張繼豪著，《鍼灸經穴辭典》

〈工　程〉

吳連賞著，《臺灣地區工業發展的過展及其環境結構的變遷》

邱錦添著，《工程受益費之研究》

〈教　育〉

胡振海著，《校長手記》

田博元、王立文、仲崇親，《通識教育之比較：元智與北大》

李誠志主編，《教練訓練指南》

林清和著，《運動學習程式學》

〈民　族〉

洪泉湖主編，《兩岸少數民族問題》

〈土地交通〉

邱錦添著，《台北都會區捷運車站土地聯合開發之研究》

黃文範著，《揭開鐵達尼號的面紗》

〈政　治〉

王天擇著，《中國統一之路》

鄧　啟著，《治術興邦》、《改革圖強論古今》

梁靜源著，《美國華工田園生涯》

鄧　啟著，《治國指要》（附：儒林憶往、鄭壇簡荐）

鴨武彥著、粘信士譯，《國際統合理論研究》

饒奇明著，《美國政府之行政管理革新》

〈法　律〉

邱錦添著，《海上貨物運送失火責任之研究》

邱錦添著，《散裝貨物運送人責任之研究》

邢祖援著，《規則與控制》

〈中國歷史〉

陳新會著，《史諱舉例》（重版）

瀧川龜太郎著，《史記會注考證》

楊天石著，《尋求歷史的謎底》(一)(二)冊

戴思克著，《結構與歷史：略談中國古經文的組成問題》（中英文本）

黃文範著，《萬古盧溝橋—歷史上的125位證人》

〈文化史〉

曾逸昌著，《文化發展與建設史綱》

〈史　料〉

莊吉發編譯，《滿語故事譯粹》（精一、平一）

鄭樑生編校，《明代倭寇史料》（(三)(四)(五)輯）

袁全照編著，《鑑略妥註—歷史五字經》（平一、精一）

朱培庚著，《古事今鑑》（上、中、下）（平三、精三）

莊吉發著，《御門聽政：滿語對話選粹》

鄧　啟著，《通鑑論贊選釋》、《治亂與人物》

朱培庚著，《風雨見龍蛇》

鄧　啟著，《特出人物志》

〈中國地理〉

王會均著，《海南方志資料綜錄》

〈傳　記〉

姜龍昭著，《香妃考證研究續集》

朱金城著，《白居易年譜》

范耕研著，《江都焦里堂先生年表》

By Jer-Shiarn Lee，《CHANG PING-LIN》（章炳麟，李哲賢著）

鄧　啟著，《司馬光學述》

劉本棟著，《陶靖節事跡及其作品年表》

裴上苑著，《力爭上游—上苑自傳》

范耕研著，《章實齋先生年譜》（精一、平一）

陳慶煌、成怡夏編著，《成惕軒先生年譜》

〈考　古〉

何介鈞著，《長沙馬王堆西漢軑侯家族墓》

〈語言文法〉

陳飛龍著，《實用公文書》

張叔霑編著，《古體應用文》

劉秉南編著，《詞性標註破音字集解》
朱培庚編輯，《英文形似字群》
梁桂珍著，《國語文教學的多元探索》

〈文字．聲韻．訓詁〉

馬薇廎著，《增訂薇廎甲骨文》（原上、下）（精二）
趙天池著，《優美的中國文字》
張天放著，《圖象文字研讀》
陳新雄著，《古音學發微》
洪乾祐著，《閩南語考釋─附金門話考釋》
張振興著，《臺灣閩南方言記略》（再版）
董同龢著，《漢語音韻學》
馬　輔著，《毛詩古正音》
董忠司主編，《《廣韻》聲類手冊》
羊達之著，《說文形聲字研究》
劉至誠著，《說文相關部首探原》
范耕研著，《說文部首授讀》
陳潔雅著，《說文解字入門》

林炯陽、董忠司主編，《臺灣五十年來聲韻學暨漢語方音學術論著目錄初編》（1945-1995）

白玉崢著，《殷契佚存校釋》（上、下冊）

〈辭　典〉

關克笑等編，《新編清語摘抄》

劉興隆著，《新編甲骨文字典》

〈文學總論〉

吳復生編著，《中國文學史綱》

王志健編著，《神話流金》（民間文學㈠）

王志健編著，《說唱藝術》（民間文學㈡）

王志健編著，《歌謠擷玉》（民間文學㈢）

王志健編著，《戲典人情》（民間文學㈣）

王更生著，《更生退思文錄》

〈文學批評〉

吳功公主編，《古文鑑賞集成》㈠㈡㈢（平三、精三）

陳雄勳、范月嬌評注，《三蘇文選校注評析新編》
曾棗莊、曾濤編，《蘇詩彙評》、《蘇詞彙評》、《蘇文彙評》
孫光浩著，《釐清古文學疑案》
謝晃等著，《從詩中走過來：論羅門・蓉子》
張肇祺著，《從詩想走過來：論羅門・蓉子》

〈詩〉

劉永濟著，《雲巢詩存　墨識錄》
沈秋雄著，《雲在盦詩稿》
施蟄存著，《唐詩百話》（平三冊、精一冊）
儲砥中著，《海天心影錄》
傅璇琮著，《唐人選唐詩新編》
穆克宏著，《唐代絕句名篇賞析》
朱培庚著，《詩徑尋幽錄—詩體百種集錦》
蔣一安著，《風雨樓詩歌選粹》、《唐韻簃詩文選》
梁炯輝著，《閩南語意釋語曲吟唱唐詩三百首》
王鳳池著，《素雲樓圖文集》

雨　弦著，《詩情畫意》

鄒順初著，《天均詩文集》

鍾　雷著，《春華秋實—鍾雷散文集》

陳大為主編，《馬華當代詩選》

陳大為著，《再鴻門》（文建會獎助詩集）

方　群著，《文明併發症》（文建會獎助詩集）

丁威仁著，《末日新世紀》

何乃健、秦林詩集，《雙子葉》

潘　皓著，《夢泊斜陽外》、《雲飛處》

〈兒童文學〉

林政華著，《兒童少年文學與研究精選》

〈詞〉

張珍懷選注，《清代女詩人選集》

〈戲　曲〉

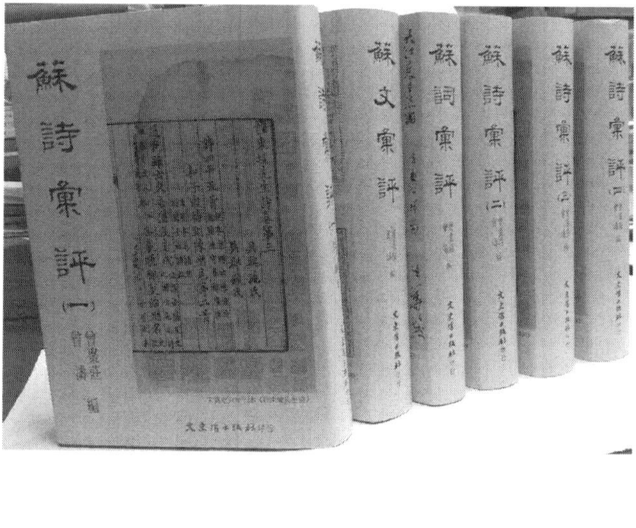

鄭向恆著，《中國戲曲的創造與鑑賞》

姜龍昭著、蔣娉譯，《淚水的沈思》（中英文劇本）

姜龍昭著、蔣娉譯，《飛機失事後》（中英文劇本）

柯玉雪著，《錦瑟恨史》（廣播劇本）、《廣播論叢》

姜龍昭著，《姜龍昭劇選》（三、四集）

姜龍昭著，《泣血煙花》、《李商隱之戀》（皆中英文劇本）

姜龍昭著，《戲劇評論探討》

〈唐宋八大家叢刊〉

王更生著，《韓愈散文研讀》

王更生著，《柳宗元散文研讀》

王更生著，《歐陽脩散文研讀》

〈騷賦駢散〉

藍海文注釋，《今本楚辭》

〈小　說〉

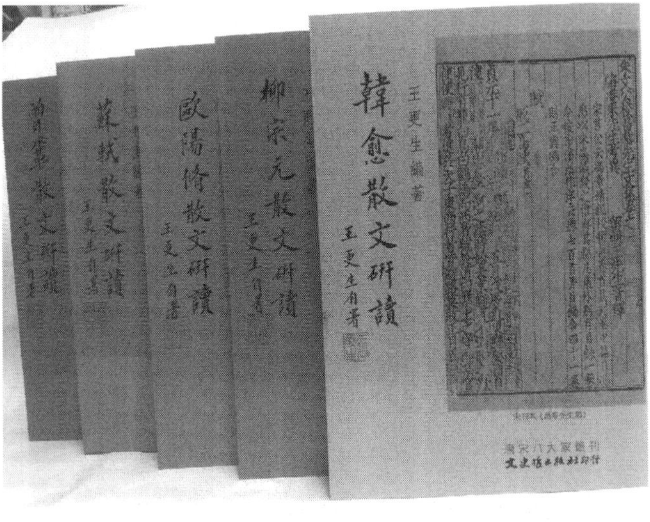

汪辟疆編，《唐人傳奇小說》
柯玉雪著，《爬蟲與人生》
孫光浩著，《聊齋志異是與非》

〈書 畫〉

雨 弦著，《舊愛新歡—雨弦詩書畫集》
黃錦星著，《繪畫技藝縱橫談》
魏嘉瓚編著，《蘇州歷代園林錄》

〈法帖拓本〉

楊通誼編纂，《翰墨緣名家詩翰墨蹟選輯》
蔣一安珍藏，《古印窺・楚州宋磚拓本》
蔣一安珍藏，《三代吉金漢唐樂石拓本》
楊蒼舒編著，《唐顏真卿書勤禮碑》
楊蒼舒編著，《唐歐陽詢書皇甫君碑》
錢君匋等編，《瓦當彙編》（平一、精一）

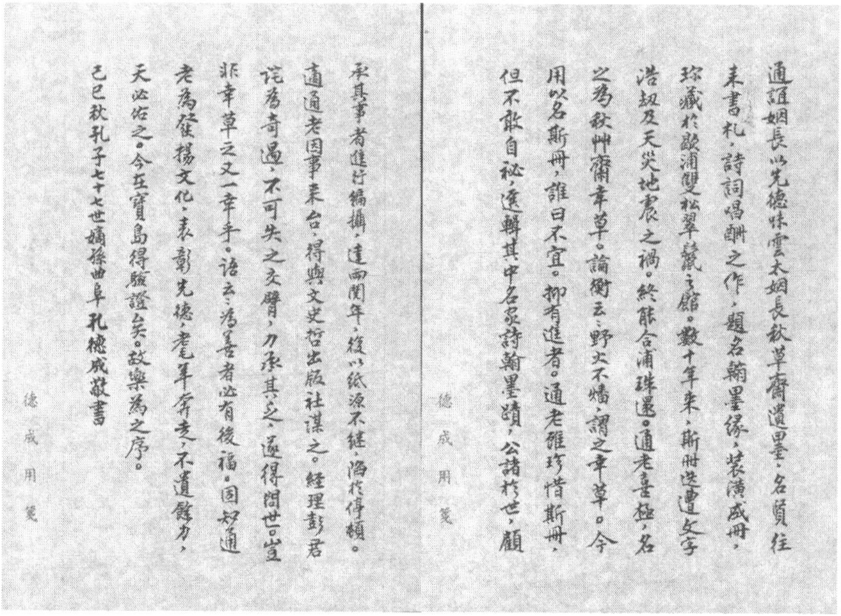
通誼姻長以先德孫雲太姻長秋草齋遺墨，名賢往
來書札，詩詞唱酬之作，題名翰墨緣，裝潢成冊，
珍藏於歇浦雙松翠巖之館。數十年來，斯冊迭遭文字
浩劫及天災地震之禍。終能合浦珠還。通老喜極，名
之為秋艸齋劫草。論衡云：野火不燔，謂之劫草。今
用以名斯冊，誰曰不宜。抑有進者。通老雖珍惜斯冊，
但不敢自秘，遂輯其中名家詩翰墨蹟，公諸於世，願
承其事者進行編輯，遷延閱年，復以紙源不繼，消於停頓。
適通老因事來台，得與文史哲出版社謀之。經理彭君
誼為奇遇，不可失之交臂，力承其乏，遂得問世。豈
非劫草之又一幸乎。語云：為善者必有後福。固知通
老為發揚文化，表彰先德，耄耋奔走，不遺餘力，
天必佑之。今在寶島得驗證矣。故樂為之序。
己巳秋孔子七十七世嫡孫曲阜孔德成敬書

德成用箋

註釋

① 彭正雄，《歷代賢母事略》（台北：文史哲出版社，民國八十年十月）。

② 彭正雄，〈臺灣地區古籍整理及其貢獻〉論文。一九九四年五月二十二日在新加坡同安會館發表，同年六月二十八至三十日中央日報節錄轉載，同年十月十九至二十五日世界論壇報全文轉載。

③ 同註②，頁一六。

④ 彭正雄，〈臺灣地區古典詩詞出版品的回顧與展望〉論文，發表於國家圖書館《漢學研究通訊》，總五十五—五十八期（一九九五—一九九六年）

⑤ 同註④，抽印本頁一〇—一二。

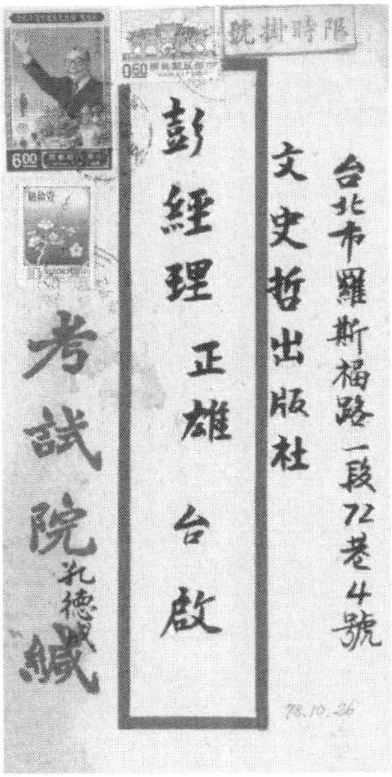

第七章　擎舉文化出版交流大業與第四個十年出版成果

二〇一八年春之際，風光明媚，日日是好日，只要不開電視、不要看報，便覺當下是淨土。寫作，長期以來我總儘可能的維持一種清淨的「生態環境」。畢竟客觀環境和人的內心世界，必定有某種程度的互動（干擾），我要去除那些無謂的干擾，建構我的淨土世界。

在這自築的淨土王國裡，書寫彭正雄一生不凡之行誼，思索他的內心世界，試圖理解他這輩子想要實踐的願景，發現似與《金剛經》的世界有些相通。寫作之餘，暇豫嘗讀《金剛經》吸收養分，〈妙行無住分第四〉有一段經文：

> 復次，須菩提！菩薩於法，應無所住行於布施。所謂不住色布施，不住聲香味觸法布施。須菩提！菩薩應如是布施，不住於相。何以故？若菩薩不住相布施，其福德不可思量……

這段經文說，布施不能住於一切「相」，其福德才是無限的，菩薩的布施不住於相，沒有布施的「我」，沒有布施的「人」，也沒有布施的「物」。因為菩薩了知一切諸法其性本空，都是因緣聚滅會合，故布施不住一切相，此謂「三輪體空」。無相布施，其福德如東西南北四方虛空一樣，不可思量。《金剛經》最末結語〈應化非真分第三十二〉經曰：（註①）

若有人以滿無量阿僧祇世界七寶，持用布施，若有善男子、善女子發菩提心者，持於此經，乃至四句偈等，受持讀誦，為人演說，其福勝彼。云何為人演說？不取於相，如如不動。何以故？一切有為法，如夢幻泡影，如露亦如電，應作如是觀。

這段經文之意說，有人把全世界的寶物都用來布施，另有人發無上菩提心，受持這部《金剛經》，那怕只信受誦讀最後那四句偈，為人講說，他的福德勝過那位布施全世界寶物的人。為什麼？因為「財布施」不管多大都是「有限」，而「法布施」是無限的。

筆者以因緣俱足，得以進入「彭公史話」，一窺他的精彩生命實錄。他的「財布施」當然也是有限的，但受過他照料的「寒士」確實是數不清了，甚至大師級如羅門、馮馮、紀弦、無名氏……他們不是「寒士」，彭正雄也當寒士來照顧。他有一篇文章以杜甫宏願自勉說：「安得廣廈千萬間，大庇天下寒士俱歡顏！」

他總有辦法可以助人，用極少「賺錢書」養大量「不賺錢書」，真的幫助了很多「寒士」。他給新加坡國立大學捐書，一捐就是七百多冊中華文化古籍經典研究；近幾年來《華文現代詩》若無彭公支持，早已收攤打烊，每回餐敍大家酒足飯飽。九本《點將錄》的出版，可能少不了要五十萬元，詩人多「寒士」，彭公一口答應「完全負責」。我這現代「史官」自居，只能秉筆直書「功德無量」。

有限財布施已是功德無量，「法布施」則更是無限，由他所出版的上看三千冊「文化經典」，很難說不會影響到三千大千世界。這就是佛陀所說法布施的福德，勝過布施世界七寶。難怪無名氏（卜乃夫）在世時以「奇人俠士」形容彭正雄說：「大約他的俠氣、奇氣已名播四方，許多學者、名人全想請他出書。他似乎已變成有求必應的彌勒佛了。」（註②）無名氏的說法，證明筆者對「彭公史話」的論述是正確的，非誇飾之言。

無名氏寫那篇文章時，正是彭正雄經營文史哲出版社，邁入第四個十年的第一年。這個十年從二〇〇一年（民國九〇年），到二〇一〇年（民國九十九年），彭正雄從六十三歲到七十二歲，已算「老人」了。但這十年比以往更輝煌，不論他處於人生的那個階段，給人的感覺就像「彌勒佛」，他到處奔走，事情多得不得了！簡化的看，不是法布施，就是財布施，或二者兼俱。

壹、持續擎舉兩岸文化出版交流大業

本階段的兩岸文化出版交流成果豐碩，二〇〇三年（民國九十二年）四月，已然六十五歲的彭正雄，參加「第二屆兩岸傑出青年出版專業人才研討會」，在台北的國家圖書館舉行。四月四、五兩日，有三十六位傑出文化出版人發表了三十六篇論文，最後兩岸各派代表總結，大陸由「中國出版工作者協會」主席于友先先生總結，臺灣代表總結則是「文史哲出版社」發行人（社長）彭正雄先生。以下引彭先生的總結要點。（註③）

謝謝大會給本人代表臺灣出版人做這次研討會發言的機會，在三十六位兩岸傑出青年出版專業人才，暨與會的出版人、專家、學者共聚一堂研討，以專業領域提出獨特見解、文化交流與切磋。茲理出幾點，供參考與指正：

1. 翻譯華文圖書：華文走出世界版圖，華文出版佔全球出版量的世界人口四分之一版圖，必須國際化將華文譯成世界各種文字，以五千年中華文化傳進全球，推展國際市場化，需培育與集中所有出版人才，積極國際出版合作空間。

2. 創造出版商機：與會專家學人，希望透過這次研討會凝聚共識，提出兩岸出版工作互補，共同撰稿編輯、行銷的出版合作計畫，減少成本，創造商機。

3. 強化圖書通路：行銷企劃的通路與媒體的溝通；銷售管道的e化，透過網路，展銷平面書本，也是出版人開拓市場的另一方式，雖然網路、電子書帶走部份市場，網路、電子書卻也促進展銷的途徑，兩岸的出版文化交流也更為密切，距離也彼此拉近，提供交流管道。

4. 減低庫存壓力：學術專業出版品市場有限，可採用POD印刷，需求量先印三、五十冊，若往後需要增印冊數的多寡，也不影響該書的單價成本，而一般絕版書也可採用此方式。

5. 閱讀人口流失：目前臺灣讀者購書群大大低落，市場低迷的原因有二，其一為臺灣產業外移中國大陸，外移人口約在百萬人，其中不乏菁英讀者，減少不少在台消費力；其二為e化時代裏，網路人口增加，減少閱讀人口。

6. 出版事業定位：個人認為要排除出版商（出版業／出版人／出版者）這個名字，因出版這一行業與其它行業有所不同之處，它是文化的、創意的、智慧的，教化人身的高尚的行業。

彭正雄為推動兩岸文化出版交流，也經由邀請大陸出版工作者來台訪問，舉行具體版權業務洽談。二〇〇五年（民國九十四年）三月，邀請上海市新聞出版局副局長祝君波、解放日報社副總編輯毛用雄、文匯報社副總編輯陳啟偉、中國圖書進出口上海公司總經理許建剛、上海市新聞出版局報刊處秘書丁峰，五位先生來訪一週（三月一到六日）。此行，雙方除洽談版權業務，同時就圖書貿易項目進行磋商和選題探討，達成若干協議，促進兩岸文化出版交流，共謀復興中華文化之契機，找尋合作出版的途徑，後來都獲得極佳之成果。

同年十月，彭參加廈門舉辦的「第一屆海峽兩岸圖書交易會」。文史哲出版社共展出一千多種圖書，他在現場詳細解說，獲得採購甚豐，排名銷售量的第一位。

財團法人高等教育評鑑中心基金會
Higher Education Evaluation & Accreditation Council of Taiwan

聘書

高評（聘）字第 0950500 號

茲敦聘

彭正雄先生 為本中心九十五年度大學校院系所評鑑委員。

董事長 劉維琪

執行長 吳清山

中華民國 九十五 年 十 月 一 日

二〇〇六年（民國九十五年）六月，他更遠征到新疆省，參加「第十六屆全國圖書交易博覽會」。也在這年十月，彭正雄受聘教育部「財團法人高等教育評鑑中心基金會」評鑑委員，同時進行為期兩日（十三和十四日）的國立高雄師範大學經學研究所評鑑工作。

對於僅有高職畢業的他，這是何等榮耀！更重要這是對他能力和智慧的肯定。他研究、整理中國古籍經典數十年，早已超越專職教授的水平，他後來還登上淡江大學講堂，對碩博士生講課（後述）。

又同年十月，他也參加由中國文藝協會理事長綠蒂領軍的「北京文聯座談會」，他詳細提報一篇論文〈臺灣出版概況及兩岸交流與展望〉。（註④）把臺灣從光復後的出版概況說了一遍。

二〇〇八年（民國九十七年）四月，他參加在鄭州舉辦的「第十八屆全國圖書交易博覽會」暨「紀念海峽兩岸出版交流二十周年」。這年九月二十至二十三日，再度在台北圓山飯店舉行「紀念海峽兩岸出版交流二十周年」。當時大陸出版總署署長柳斌杰，率領出版界六百多人來台參訪，盛況空前，彭正雄除參與活動也擔任籌備工作，他說：「這是我的機會」，他把握住所有交流機會，就是要好好進行文化傳揚！

二〇〇九年（民國九十八年）四月，彭正雄在濟南和青島；下半年多次到廈門、福州等地，參加兩岸文化出版交流，他馬不停蹄「傳揚文化、開創未來」。

在本階段的二〇〇四年是「無名氏年」，二〇〇七年是「馮馮年」，二〇〇八年是「紀弦年」。這些年度裡，彭正雄除了忙自己的事，也忙一些詩人的「養老送終」事，這些在後面章節再述。

第十九屆全國圖書博覽會於濟南和青島舉辦，途中快到青島分展場，在行進中遊覽車上，快門獵取會展全景。

貳、熱衷於向統治者、各級行政部門提供建言

彭正雄數十年來有一雅好（他說使命），他熱衷於向統治者、各級領導人和行政部門提供建言。按筆者所知，舉凡他所見所聞所知任何「問題」，不論國防、外交、內政、交通、兩岸、環保……乃至文化、出版、行銷、賦稅、退伍軍人（他是六一九砲戰英雄）、榮民（他也是）、「二二八」（他也是二二八受難後人）……他都要親自寫信（呈文）給當局，或給任何該問題的負責行政部門。這其實沒有什麼作用，大多一紙回文寫滿「官話」，但彭公執著於此，他說能改善多少算多少！

筆者勸彭公不要幹這種「狗吠火車」的事，他堅持這是「神聖使命」，他就是這樣，對什麼事都有「滿懷使命感」。我的看法完

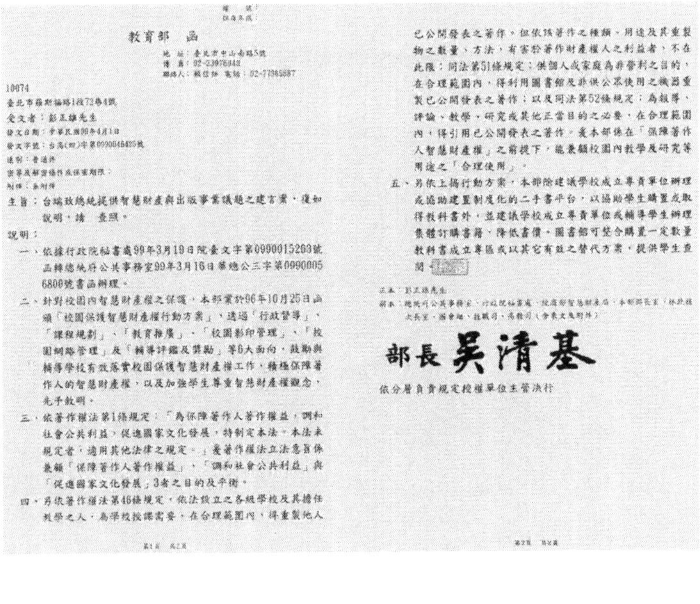

檔號：
保存年限：

教育部　函

地址：臺北市中山南路5號
傳真：02-23976943
聯絡人：賴信妤　電話：02-77365687

10074
臺北市羅斯福路1段72巷4號
受文者：彭正雄先生
發文日期：中華民國99年4月1日
發文字號：台高(四)字第0990045429號
速別：普通件
密等及解密條件或保密期限：
附件：無附件

主旨：台端致總統提供智慧財產與出版事業議題之建言案，復如說明，請　查照。

說明：

一、依據行政院秘書處99年3月19日院臺文字第0990015263號函轉總統府公共事務室99年3月16日華總公三字第09900056800號書函辦理。

二、針對校園內智慧財產權之保護，本部業於96年10月25日函頒「校園保護智慧財產權行動方案」，透過「行政督導」、「課程規劃」、「教育推廣」、「校園影印管理」、「校園網路管理」及「輔導評鑑及獎勵」等6大面向，鼓勵與輔導學校有效落實校園保護智慧財產權工作，積極保障著作人的智慧財產權，以及加強學生尊重智慧財產權觀念，先予敘明。

三、依著作權法第1條規定：「為保障著作人著作權益，調和社會公共利益，促進國家文化發展，特制定本法。本法未規定者，適用其他法律之規定。」爰著作權法立法意旨係兼顧「保障著作人著作權益」，「調和社會公共利益」與「促進國家文化發展」3者之目的及平衡。

四、另依著作權法第46條規定，依法設立之各級學校及其擔任教學之人，為學校授課需要，在合理範圍內，得重製他人已公開發表之著作。但依該著作之種類、用途及其重製物之數量、方法，有害於著作財產權人之利益者，不在此限；同法第51條規定：供個人或家庭為非營利之目的，在合理範圍內，得利用圖書館及非供公眾使用之機器重製已公開發表之著作；以及同法第52條規定：為報導、評論、教學、研究或其他正當目的之必要，在合理範圍內，得引用已公開發表之著作。爰本部係在「保障著作人智慧財產權」之前提下，兼顧校園內教學及研究等用途之「合理使用」。

五、另依上揭行動方案，本部除建議學校成立專責單位辦理或協助建置制度化的二手書平台，以協助學生購置或取得教科書外，並建議學校成立專責單位或輔導學生辦理集體訂購書籍，降低書價。圖書館可整合購置一定數量教科書成立專區或以其它有益之替代方案，提供學生查閱。

正本：彭正雄先生
副本：總統府公共事務室、行政院秘書處、經濟部智慧財產局、本部部長室、林政務次長室、國會組、技職司、高教司（含來文及附件）

部長　吳清基

依分層負責規定授權單位主管決行

第1頁　共2頁　　第2頁　共2頁

全不同，我對所謂「民主政治」完全持負面評價，「民主」只有投票那一天是成立的，其他三百六十四天完全不成立。任何官員只要當選，就換位成「主人」腦袋，人民只是「下人」，都可以從臺灣各級領導的心態表現，充份得到「證據」。是故，筆者完全贊同大陸推行的「中國式民主政治」，反對臺灣推行的「西方民主政治」。而實際上，地球上凡推行西方或美式民主政治，都在趨向動亂、腐敗、不安。所謂民主開放，是人人不安全，趨向沈淪墮落的社會。（註⑤）這部份非本書論述重點，不多贅言，回到彭正雄的世界。

幾年前（約二〇〇九年左右），彭正雄參加綠蒂主持中國文藝協會的「文藝節」，馬英九來致詞說：「文學獎怎麼只有獎牌，沒有獎金，明年開始要有獎金。」

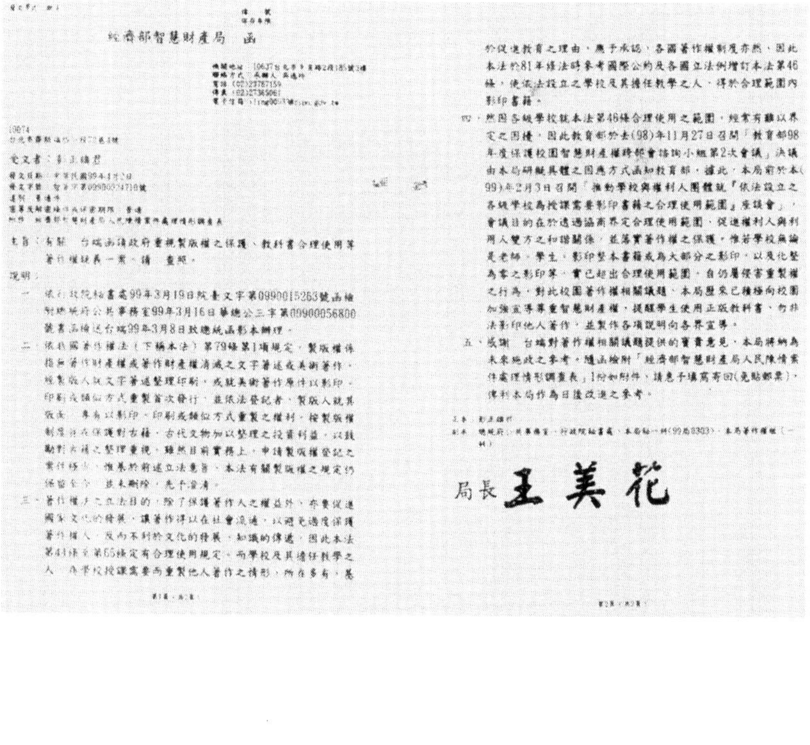
經濟部智慧財產局　函

機關地址：10637台北市辛亥路2段185號3樓
電話：(02)23787159
傳真：(02)27365061

受文者：彭正雄君

主旨：有關　台端函請政府重視製版權之保護、教科書合理使用等著作權疑義一案，請　查照。

說明：

一、依行政院秘書處99年3月19日院臺文字第0990015263號函檢附總統府公共事務室99年3月16日華總公三字第09900056800號書函檢送台端99年3月8日致總統函影本辦理。

二、依我國著作權法（下稱本法）第79條第1項規定，製版權係指無著作財產權或著作財產權消滅之文字著述或美術著作，經製版人就文字著述整理印刷，或就美術著作原件以影印、印刷或類似方式重製首次發行，並依法登記者，製版人就其版面，專有以影印、印刷或類似方式重製之權利。按製版權制度旨在保護對古籍、古代文物加以整理之投資利益，以鼓勵對古籍之整理重視，雖然目前實務上，申請製版權登記之案件極少，惟基於前述立法意旨，本法有關製版權之規定仍保留至今，並未刪除，先予澄清。

三、著作權法之立法目的，除了保護著作人之權益外，亦要促進國家文化的發展，讓著作得以在社會流通，以避免過度保護著作權人，反而不利於文化的發展、知識的傳遞，因此本法第44條至第65條定有合理使用規定。而學校及其擔任教學之人，為學校授課需要而重製他人著作之情形，所在多有，基於促進教育之理由，應予承認，各國著作權制度亦然，因此本法於81年修法時參考國際公約及各國立法例增訂本法第46條，使依法設立之學校及其擔任教學之人，得於合理範圍內影印書籍。

四、然因各級學校就本法第46條合理使用之範圍，經常有難以界定之困擾，因此教育部於去(98)年11月27日召開「教育部98年度保護校園智慧財產權跨部會諮詢小組第2次會議」決議由本局研擬具體之因應方式函知教育部，據此，本局前於本(99)年2月3日召開「推動學校與權利人團體就『依法設立之各級學校為授課需要影印書籍之合理使用範圍』座談會」，會議目的在於透過協商界定合理使用範圍，促進權利人與利用人雙方之和諧關係，並落實著作權之保護。惟若學校無論是老師、學生，影印整本書籍或為大部分之影印，以及化整為零之影印等，實已超出合理使用範圍，自仍屬侵害重製權之行為。對此校園著作權相關議題，本局歷來已積極向校園加強宣導尊重智慧財產權，提醒學生使用正版教科書，勿非法影印他人著作，並製作各項說明向各界宣導。

五、感謝　台端對著作權相關議題提供的寶貴意見，本局將納為未來施政之參考。隨函檢附「經濟部智慧財產局人民陳情案件處理情形調查表」1份如附件，請惠予填寫寄回(免貼郵票)，俾利本局作為日後改進之參考。

正本：彭正雄君
副本：總統府公共事務室、行政院秘書處、本局秘一科(99局8303)、本局著作權組（一科）

局長王美花

到了隔年，依然沒有獎金，彭開始數落馬英九，開始陳情、寫信，又隔年、再隔年，還是沒有獎金，太不像話了。堂堂中國文藝協會的文學各獎項，怎能沒有獎金？彭不論如何寫信、建言，至今依然只發個獎牌，沒有獎金。多年來彭正雄的努力，算是白做工，犬吠火車！

除了如上所述，彭正雄在很多方面為各級政府提過建言，已經數不清有多少。本文不過舉其一例，將教育部、經濟部智慧財產局和行政院文建會函附說明。其起始是二〇一〇年（民國九十九年）三月十二日，彭正雄呈給馬英九總統一文，主題〈總統為國政操心、希望能體會小事〉，全文有七個子題重點。擇要如下，全文

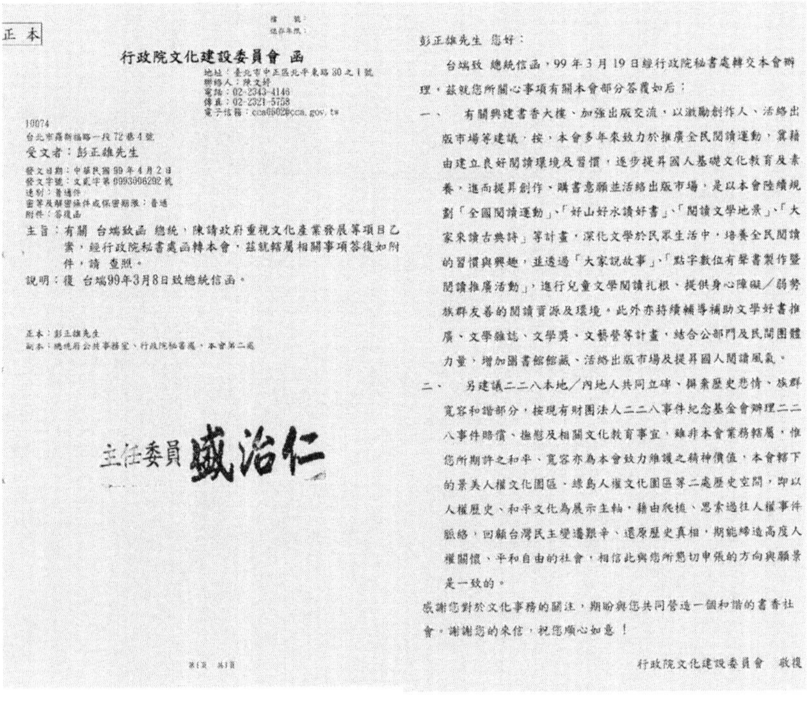

正本

檔號：
保存年限：

行政院文化建設委員會 函

地址：臺北市中正區北平東路30之1號
聯絡人：陳文妤
電話：02-2343-4146
傳真：02-2321-5758
電子信箱：cca0602@cca.gov.tw

10074
台北市羅斯福路一段72巷4號
受文者：彭正雄先生

發文日期：中華民國99年4月2日
發文字號：文貳字第0993006292號
速別：普通件
密等及解密條件或保密期限：普通
附件：答復函

主旨：有關 台端致函 總統，陳請政府重視文化產業發展等項目乙案，經行政院秘書處函轉本會，茲就轄屬相關事項答復如附件，請 查照。

說明：復 台端99年3月8日致總統信函。

正本：彭正雄先生
副本：總統府公共事務室、行政院秘書處、本會第二處

主任委員 盛治仁

第1頁 共1頁

彭正雄先生 您好：

台端致 總統信函，99年3月19日經行政院秘書處轉交本會辦理，茲就您所關心事項有關本會部分答覆如后：

一、　有關興建書香大樓、加強出版交流，以激勵創作人、活絡出版市場等建議，按，本會多年來致力於推廣全民閱讀運動，冀藉由建立良好閱讀環境及習慣，逐步提昇國人基礎文化教育及素養，進而提昇創作、購書意願並活絡出版市場，是以本會陸續規劃「全國閱讀運動」、「好山好水讀好書」、「閱讀文學地景」、「大家來讀古典詩」等計畫，深化文學於民眾生活中，培養全民閱讀的習慣與興趣，並透過「大家說故事」、「點字數位有聲書製作暨閱讀推廣活動」，進行兒童文學閱讀扎根、提供身心障礙／弱勢族群友善的閱讀資源及環境。此外亦持續輔導補助文學好書推廣、文學雜誌、文學獎、文藝營等計畫，結合公部門及民間團體力量，增加圖書館館藏、活絡出版市場及提昇國人閱讀風氣。

二、　另建議二二八本地／內地人共同立碑、摒棄歷史悲情、族群寬容和諧部分，按現有財團法人二二八事件紀念基金會辦理二二八事件賠償、撫慰及相關文化教育事宜，雖非本會業務轄屬，惟您所期許之和平、寬容亦為本會致力維護之精神價值，本會轄下的景美人權文化園區、綠島人權文化園區等二處歷史空間，即以人權歷史、和平文化為展示主軸，藉由保植、思索過往人權事件脈絡，回顧台灣民主變遷艱辛、還原歷史真相，期能締造高度人權關懷、平和自由的社會，相信此與您所懇切申張的方向與願景是一致的。

感謝您對於文化事務的關注，期盼與您共同營造一個和諧的書香社會，謝謝您的來信，祝您順心如意！

行政院文化建設委員會　敬復

詳見書末附件。

第一、民國九十七年五月四日，尊座在中國文藝協會年會宣言「文化總統」諾言，望能早日實踐；文學獎要有獎金，不可成「黃牛」！政府對出版業的支持不如大陸，前景很不樂觀。

第二、政府高層要用國民黨人，有忠心的自己人，政務才能推動。該給人利益就合理施給，否則無人願意為尊座效命，父母子女都有利害關係，何況行政團隊。

第三、民國九十八年十月三十一日，大中華鄉親聯誼總會和台北市退休公教協會，舉行「紀念民族大英雄・蔣公中正誕辰・愛國藝術歌曲演唱會」，府院黨和家屬無一人到場，所有藍營心裡很不爽！

第四、政府現在所做的，都在「謀殺」出版業，政府為什麼要一再殺害出版業？臺灣不要出版業了嗎？圖書館也都不買書了！

第五、「二二八」受難者，臺灣和大陸來台的人都有。只是大陸來的多單身，沒有家屬為之申訴，因此彭主張政府要公平一起立碑，不僅安慰亡靈，也為了促進族群融合。「我，身為二二八受難家屬，願意摒棄歷史悲情，用寬容的心，包容異己。」

第六、要爭取綠營票是不可能的事，那也會失去藍營的票；做好藍軍需求，就穩定基本盤，二〇一二大選，唯獨尊座莫屬。

第七、年底五都選舉，注意其他縣市人口遷移到五都，三都均為執政黨執政，注意觀察他黨戶籍大量遷動，會對選情產生影響。

馬英九有當過「總統」嗎？筆者根本不想叫他總統，他根本就是一個不稱職，未來中國史會把他定位成什麼？他對統一沒有貢獻，卻對分裂國家有大貢獻。我懷疑他，是台獨潛伏在統派內部的人，彭正雄的七點建言他都沒當一回事，透過行政系統「呼弄」一下，終於把藍營搞垮了。

參、第四個十年出版成果（民90～民99）

《文史哲學集成》

李威熊著，《漢書導讀》

李威熊著，《民俗文化的歸向》

總統爲國政操心，希望能體會小事！

一、文化總統諾言之實踐

（一）97年5月4日尊座在中國文藝協會年會宣言「文化總統」的諾言希望早日實踐，不然很多藝文界、學術界支持度會流失，97年5月4日尊座在中國文藝協會文藝節頒獎典禮金言：怎麼有獎沒金，明年要改進？

（二）97年9月19日兩岸出版交流二十周年，四個大活動系輪到台灣舉辦，大陸重視文化出版產業，大陸出版新聞總署署長領銜537位出版領導盛大來台參與，來台費用全由大陸政府支應，每人還有零用金人民幣一萬元，對岸重視文化出版的情況。台灣本次活動經由中華民國圖書出版事業協會主辦，活動兩大展覽及四大會議，經費約新台幣七百萬，政府機構補助約70萬，不足經費卒由該會理監事募款，商家以海基會名義在圓山飯店宴請大陸高層及同業，就花費掉25萬（詳情請參閱附件一，中國時報）

（三）文教議題建言（詳情請參閱附件一之一，中國時報99.03.10）

（詳情請參閱附件一之二，藝文論壇(二)頁65-71）

（詳情請參閱附件一之三，藝文論壇(三)頁16-19）

（四）希望政府能籌建【書香大樓】。（詳情請參閱附件二青年日報、青溪論壇(三)頁93-94）

二、蔣公逝世一二三華誕

98年10月31日大中華鄉親聯誼總會及台北市退休公教人員協會，【舉辦紀念民族大英雄　蔣公中正蒞長愛國、藝術歌曲演唱會】，**府院黨及家屬沒任何一人到位，爲立委拉票，不顧藍軍心情，今年兩次補選立委，藍軍的慘敗**（其爲小例之一），藍軍支持者，當然不出來投票。（詳情請參閱附件三）

三、行政團隊必備之行動

（一）行政幕僚單位中高層儘量用自己國民黨人，少用前朝人員，以利政令推動。舉例孔孟學會獻堂館三級古蹟修建，行政程序拖延近年，行政效力延宕。

（二）黨基層如無忠心自己的人，無法推動事務，黨政幕僚也要合理合法施利益，否則無忠心之人爲尊座效命，父母子女都有利害關係，何況行政團隊。

四、智慧財產與出版事業

（一）教育部於98年11月27日所召開「教育部98年度保護校園智慧財產權跨部會諮詢小組第2次會議」中提案討論案由4之決議，爲協助各校對教科書合理使用範圍之界定能更加瞭解，希望本局及權利人團體協助該部解釋「著作權的合理使用範圍」，**如立法同意就一人合理印兩頁，學生百人各印不同兩頁，一本教材二百頁，不是合理把整本書印完了嗎？**（況且製版權在著作權法是有保護）

前文建會主委陳郁秀在臺灣師大音樂系主任時用一則樂譜，當文建會主委時被告，被判罰數十萬元，前立法委員盧修一在病危舉辦**製版權**公聽會，**力主廢除製版權幾成定局**，我在公聽會建言：日本沒製版權法條，認定臺灣製版權是良法要跟進，沒想這條好法要廢，委員又主張推動本土文學及文獻，出版業者怎會請學者田野調查來編寫圖書呢？如完成編製圖書後沒有「製版權」，出版後，隔日他人就可以隨意印製，致使出版界沒意願編本土文學及文獻圖書，我希望本法規繼續保留，盧委員也就同意保留，同意有但書十年；也保留了早年立法的「**製版權**」**精神**。

日本重視智慧權，影印店每影印一頁就需登記那位作者的書，至年底全國總彙給付版稅，當今台灣出版業是一個弱勢事業，經濟效益遠不如科技業；而文化出版教育乃立國根基，應不遺餘力往下紮根，雖無立竿見影，望能持續耕耘看到遠景。政府對外國著作物，査緝影印嚴謹追究侵權；國內出版品隨影印店影印不予查緝；今教育部、智慧局又要中華民國出版事業協會等相關公協會團體開會同意合理影印，書籍出版品經過選稿、排版、印刷、裝幀，稿酬及版稅，費時費力費資金，難予同意合理影印使用立法。**著作權的合理使用範圍是寫書引用重排**，非經過排版可直接影印，更不能結合多人著作精華匯集成冊，**又侵害製版權及著作財產權**。

（二）教科書出版品，使用他人圖書出版品任何1頁，著作權法都要保護合理付費，何來學校可合理影印使用，免付智慧財產費用。

（三）圖書館採購縮減，學校圖書館採購圖書以量（本）捨優質圖書，劣幣驅除良幣，又大量採購大陸圖書，今研究所論文80%以上引用參考書是大陸的圖書，96年大專院校評鑑，我訴驚高雄某國立大學研究所，3年圖書經費全採購大陸的書，今政府圖書館採購標，又下降0.3折，出版業難以生存，政府統一採購抽取手續費，從前朝制定行政法規至今，更不合理。

（四）教育部能爲高中學校編150億游泳池經費，以後每年歸資，行政費又要另編預算；海軍陸戰隊游泳訓練，有專職教官在旁都出人命，將來高中學校游泳池可能變魚池，那麼學校怎可把書業出版品合理影印各著作者爲一份教材，而不付費，教育部是否也應編列150億做爲學校教材影印費，出版業如無法生存與存在，何來政府准予合理影印，出版業無法爲下一代編好教材，就依照美國政府買教材借給學生，或政府自編教材給學生。（最近南部有位婦女在馬路邊採野花，警察依偷竊送法辦，節有偷書者稱作雅賊？）

（五）教育部函大專院校成立二手書屋，對出版業又一殺傷，政府爲什麼連續殺害出版業？臺灣不要出版業了嗎？**教育部是全國教育政策大規畫者，非事務性業務人**，

于希賢著，《簡明中國方志學大綱》
蔡秋來著，《宋代繪畫藝術成就之探研》
劉家駒著，《清朝初期的八旗圈地》
張仁青著，《魏晉南北朝文學思想史》（再版）
陳飛龍著，《孔孟荀禮學研究》
葉日光著，《左思生平及其詩之析論》
曾達聰著，《北曲譜法—音調與字調》
康來新著，《從滑稽到梨香院》
郭立誠著，《中國生育禮俗考》
韓復智著，《漢史論集》
朱義雲著，《魏晉風氣與六朝文學》
周大利著，《周易要義》
葉慕蘭著，《柳永詞研究》
胡自逢著，《周易鄭氏學》
龔鵬程著，《江西詩社宗派研究》
顧立三著，《左傳與國語之比較研究》
王國良著，《魏晉南北朝志怪小說研究》
徐漢昌著，《鹽鐵論研究》

五、二二八事件受難家屬

（一）228受難家屬的心痛，是快要到228的日子、經政客爭論一番而獲得政治利益，今日選舉得到好處，卻忘了還給228家屬公道。63年來228受難家屬，大都數人，心早已撫平了，每到228日子又再傷口撒鹽，賠償也賠了道歉也道歉，請不要再提這檔事件，有論爭家屬是少數，政治人物不要玩弄全體受難家屬了。我主張廢除228受難基金會，接受228事件學者研究成果，還給受難人清白，免得經常受特殊人利用，又每年可省下公帑一億行政經費。　　（詳情請參閱附件四，學者研究成果）

（二）二二八受難者當中，**其實內地人不比本地人少**，由於內地人來台多是單身，沒有家屬為之申訴，因此**我主張政府要為二二八事件中罹難的本地及內地人一起立碑，不僅是安慰亡靈，也是為了促進族群的融合**，仇恨是和諧的毒藥，我、身為228受難家屬，願意摒棄歷史悲情，用寬容的心，包容異己，台灣人應向海洋學習包容的心胸，不辭涓細，接納百川，不要再存有被殖民的仇恨思維，我認為只有族群融合，心胸寬廣，發揚台灣刻苦奮鬥的精神，台灣才有可能走向世界，再創一次台灣的經濟奇蹟。　　（詳情請參閱附件五）

（三）98.02.14呈函，承　蒙賜函，敬謝。　　（詳情請參閱附件六之一、之二）

六、全民安居與選舉孰重

（一）選舉要勝選要得民心，要有政策，要有執行能力、要有政績，使人民安居樂業，當然藍營回歸投藍。民進黨有團隊精神百分百支持自己人；貴黨沒團隊精神，有正義感，遇執政團隊不滿意，就不出來投票，等於支持他黨。

（二）要爭取綠營票源是不可能的事，那也就會失去藍營的支持度。

（三）做好藍軍需求，就穩定基本盤，1012年大選，唯獨尊座莫屬。

七、五都選舉戶籍之搬遷

（一）年底五都選舉注意他縣市人潮**戶籍遷移**五都選舉縣市，三都均為執政黨執政，注意觀察他黨戶籍大量變遷。

（二）五都候選人注意**省籍均衡**，免他黨文宣借省籍攻擊。

文史哲出版社發行人
中華民國圖書出版事業協會常務理事　　　　彭正雄 謹呈 99.03.13.

99.03.18修訂附件說明

100-74台北市羅斯福路一段72巷4號
電話：(02) 2351-1028
傳真：(02) 2396-5656

【附註：四位前文人書生合辦《青溪論壇》《藝文論壇》，免費贈送藝文界及文化人。99.03.18】

張仁青著，《駢文學》（再版）
方俊吉著，《禮記天地鬼神觀研究》
金周生著，《宋詞音系入聲韻部考》
鄭志明著，《無生老母信仰溯源》
喬衍琯著，《宋代書目考》
陳雄勳著，《三蘇及其散文之研究》
歐陽炯著，《呂本中研究》
唐瑞裕著，《清季天津教案研究》
徐富昌著，《睡虎地秦簡》
鄭峰明著，《莊子思想及其藝術精神之研究》
徐福全著，《臺灣民間傳統孝服制度研究》
許政雄著，《清末民權思想的發展與歧異》
方祖燊、李鍌、黃麗貞著，《中國文化史》
蔡芳定著，《北宋文論研究》
郭兆祥著，《中國神話與人體生命科學》
張繼光著，《民歌〈茉莉花〉研究》
鄭梁生著，《中日關係史研究論集》（10—13）
楊秀宮著，《孔孟荀禮法思想的演變與發展》

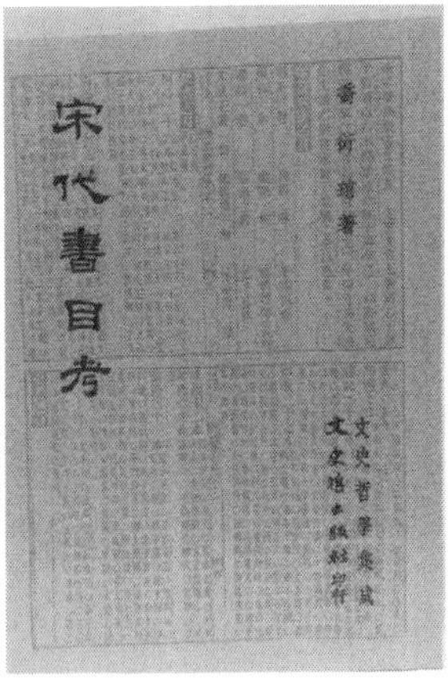

許玫芳著，《紅樓夢中夢的解析》

莊吉發著，《清史論集》(六)－(十六) 11冊

王更生著述，《歲久彌光「龍光」家—楊明照先》

陳正雄著，《蘇轍學術思想述評》

謝有為著，《大乘起信論正語》

何廣棪著，《碩堂文存四編》

戴瑞坤著，《中日韓朱子學陽明學之研究》

蔡宗陽著，《文心雕龍探賾》、《修辭學探微》

唐瑞裕著，《清代乾隆朝吏治之研究》

李開濟著，《蘇格拉底靈魂論與佛教輪迴說之比較研究》

陳萬鼐著，《陳萬鼐科技史論著選集》

林漢仕著，《易傳廣都》、《易傳彙玩》、《易傳都都》

李宜涯著，《晚唐詠史詩與平話演義之關係》

陳淑銖著，《從減租到扶植自耕農》

王　菡著，《禮記·樂記之道德形上學》

周偉民、唐玲玲著，《中國和馬來西亞文化交流史》

何寄澎著，《典範的遞承：中國古典詩文論叢》

鄭基良著，《魏晉南北朝形盡神滅或形盡神不滅的思想論證》

莊吉發著，《真空家鄉：清代民間秘密宗教史研究》
鄭衍通著，《周易探原》
姚振黎著，《唐代三家教育觀研究》
陳鼓應、白奚著，《老子評傳》
杜忠誥著，《說文篆文訛形釋例》
沈　謙著，《修辭方法析論》
李霖生著，《華嚴詩學》
楊鴻銘著，《新詩創作與批評》
曹煒、寧宗一著，《金瓶梅的藝術世界》
汪　淳著，《論語疑義探釋》
王鍾凌著，《文學史新方法論》
賴明德著，《中國文字教學研究》
王偉勇著，《詞學專題研究》
王偉勇著，《唐詩與宋詞之對應研究》
方元珍著，《文心雕龍作家論研究》
張廷銀著，《魏晉玄言詩研究》
江乾益著，《詩經之經義與文學述論》
林榮森著，《徐渭書法藝術之研究》
陳蕙娟著，《韓非子哲學新探》

張健、謝綉華著，《中西小說理論要義》
羅時進著，《明清詩文研究新視野》
袁國藩著，《元代蒙古文化論叢》
許鶴齡著，《李二曲「體用全學」之研究》
潘小慧著，《倫理的理論與實踐》
蘇淑芬著，《辛派三家詞研究》
杜志成著，《奇正虛實揚先勝》
陳新雄著，《聲韻學》（另有分上下冊版）
袁信愛著，《人學省思》
吳懷祺著，《中國史學思想史》
尤雅姿著，《顏之推及其家訓之研究》
胡志佳著，《門閥士族時代下的司馬氏家族》
劉滌凡著，《長生不死與愛情的抉擇》
葉程義著，《西方神哲學家之上帝觀研究》（上、下）
陳伯適著，《漢易之風華再現》（上、下）、《孫子兵法研究》
鄭仕一著，《中國武術審美哲學—現象學詮釋》
趙金章著，《老子臆解》
劉常山著，《清代後期至民國初鹽務的變革》

丁光玲著，《清朝前期流民安插政策研究》

黃信二著，《王陽明「致良知」方法論之研究》

林敬文著，《陸宣公生平及其思想之研究》

彭定國、楊布生著，《中華彭姓通志》

王玉玫著，《孟子思想的生死學議題》

謝金良著，《融通禪易之玄妙境界》

林啟彥著，《教研論學集》

陳政揚著，《張載思想的哲學詮釋》

邱靜子著，《詩經蟲魚意象研究》

蕭君玲著，《中國舞蹈審美》

張仁青著，《張仁青學術論著集》

王家歆著，《嫦娥、李商隱、包拯探賾》

蘇心一著，《王維山水詩畫美學研究》

王更生著，《文心雕龍管窺》

莊吉發著，《清史論集》（十七─二十一）五冊

劉靜敏著，《宋代「香譜」之研究》

于復華著，《南戲論集》、《劇場管理論集》

魏　萼著，《中華文藝復興與臺灣閩南文明》、《中國文化與西方文明》

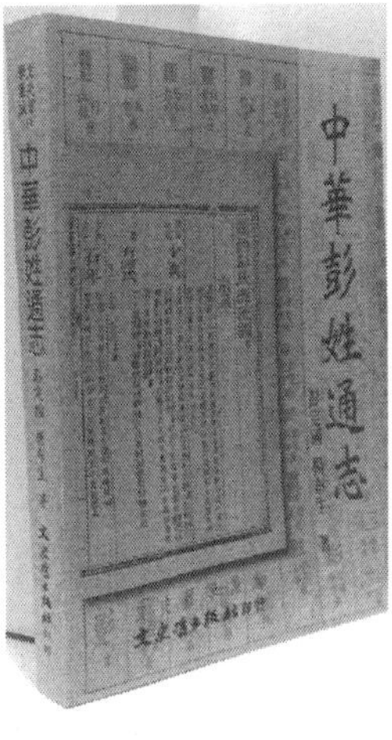

劉竹青著，《孟郊、賈島詩比較研究》

王潤華著，《魚尾獅・榴槤・鐵船與橡膠樹》

龔　剛著，《儒家倫理與現代敍事》

黃忠慎著，《嚴粲詩緝新探》

鄭樑生著，《明代倭寇》、《中日關係研究論集》

喬衍琯講述，《中國歷代藝文志考評稿》

鄧詩屏著，《從巴哈到海頓時期的小號演奏風格演變》

楊昌年著，《風裡芙蕖自有姿》

許碧珊著，《繪本閱讀創造思考教學提升兒童語文創造力之研究》

唐秀連著，《僧肇的佛學理解與格義佛教》

吳武雄著，《孔子智慧實證》

駱愛麗著，《十五——十六世紀的回回文與中國伊斯蘭教文化研究》

蘇心一著，《文人畫今昔：從許海欽談起》

陳素雲著，《乙未割台前後林維朝之國族認同與生命抉擇》

袁　冀著，《元史探微》、《補文淵閣四庫全書之元人別集》（再版修訂）

許宗興著，《先秦儒道家本性論探微》

崔成宗著，《郭尚先書法學研究》

鄭仕一著，《身體文化的印跡》

(14)

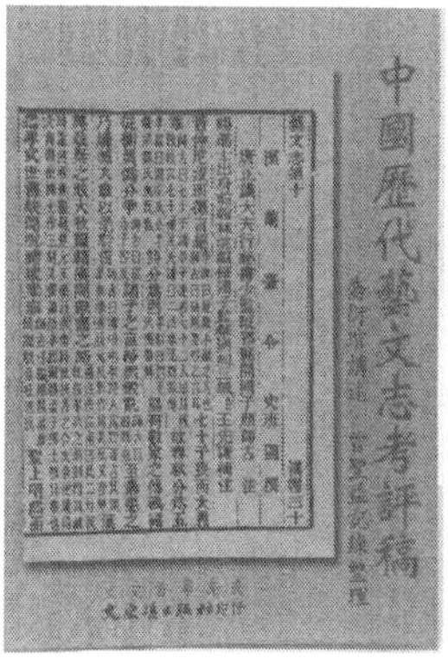

莫詒謀著，《叔本華的藝術等級及其音樂》

田台鳳著，《道極觀—揭開萬象的面紗》

溫光華著，《文心雕龍「以駢著論」之研究》

白金銑著，《唐代禪宗懺悔思想研究》、《慈悲水懺法研究》

李谷成著，《香港《中國旬報》研究》

陳哲三著，《古文書與臺灣史研究》

許雙亮著，《管樂合奏的歷史》、《管樂界巡禮》

許雙亮著，《近代管樂團的形成與發展》

王大德著，《朱陸異同新論》

潘　皓著，《研究發展與社會安全》

郁　丁著，《從文本比較看高鶚紅樓夢後四十回續書》

彭雅玲著，《僧．法．思：中國詩學的越界思考》

魏王妙櫻著，《文學與文化論文集》

陳萬鼐著，《元代戲班優伶生活景況：以元佚名藍采和》

陳福成著，《神劍與屠刀》（人類學文集）

楊翼風著，《摩訶般若波羅密經的思想研究》

王鵬凱著，《紀昀研究論述—以閱微草堂筆記為中心》

王潤華著，《周策縱之漢學中國學與文化研究的新典範》

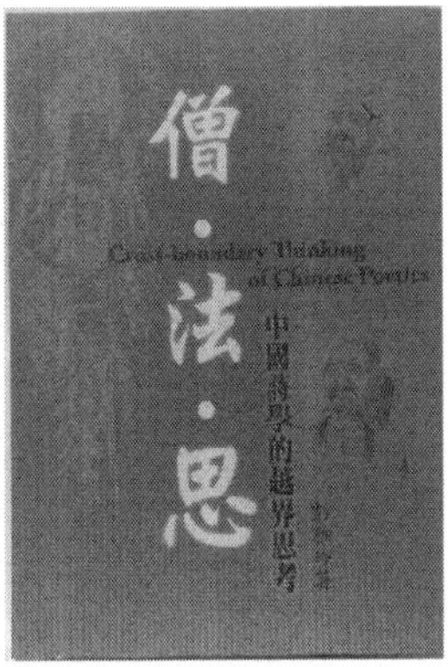

游志誠著，《文選綜合學》、《文心雕龍與劉子系統研究》

向天淵著，《現代漢語文論話語》

杜十三著，《杜十三主義》

陳正雄著，《蘇轍及其政論與文論》

申寶峻著，《中庸研究論著集》

鄭基良著，《生死鬼與善惡報應的思想論證》

臺北市廣東同鄉會編，《廣東八大先賢評論集》

李殿魁著，《談詞：詞的理論及其格律》

吳椿榮著，《石頭紅樓典》

謝玉玲著，《空間與意象的交融：海洋文學研究論述》

朱浤源等著，《二二八研究的校勘學視角：黃彰健院士追思論文集》

〈文史哲學術叢刊〉

黃熾霖著，《曹魏時期中央政務機關之研究—兼論曹操與司馬氏整政制之影響》

王崇峻著，《維風導俗》

蕭素卿著，《論《戰爭與和平》主題思想》

劉竹青著，《孟郊、賈島研究》

范月嬌著，《靜齋古典詩文論叢》

葉程義著，《莊子寓言研究》

〈人文社會科學叢書〉

蔡宗陽著，《劉勰文心雕龍與經學》

〈文學叢刊〉

賀安慰著，《臺灣當代短篇小說中的女性描寫》
碧　果著，《說戲》、《一隻變與不變的金絲雀》
章　南著，《採訪憶往》
江上秋著，《印證》
吳復生著，《鋤惡草堂詩歌聯語自選集》
卜寧（無名氏）著，《死的巖層》
施清澤著，《平凡文集》
匡若霞著，《時空流轉》
鮑小暉著，《長城根下騎駱駝》
施青萍著，《行萬里路》
汪洋萍著，《鄉居散記》、《友情交響》
胡全木著，《近仁隨筆》、《近仁隨筆續集》

魏彥才著，《閑情記舊二集》、《閑情記舊三集》

江南風著，《江南風文集》

李煥明著，《頤養天年》

李曉丹著，《青州奇俠》

王　仙著，《春在黃河》

郭心雲著，《想飛》

張修蓉著，《金色遊蹤》

張慧琴著，《東瀛風光》

羅　門著，《創作心靈的探索與透視》、《全人類都在流浪》

郭錦玲著，《心中有愛—修如文集》

高雄市文藝學會編，《南方的和弦》

畢　璞著，《去年紅葉》

賀志堅著，《月露風雲散文集》、《金石語文評論集》

賀志堅著，《白雪陽春新詩集》、《遊目騁懷觀光集》

卜　寧（無名氏）著，《野獸・野獸・野獸》、《開花在星雲以外》

梅　甘著，《漩渦》

黃金河著，《人間亦自有桃源》

辛　鬱著，《龍變》、《鏡子》、《找鑰匙》、《演出的我》

汪洋萍著，《我的相對論》、《浮生掠影》（我眼中的世界）
崔人勳著，《廣場》
洪仁玉著，《幽蘭文集》
孫　康著，《康莊紀事》、《康莊瑣記》、《康莊紀遊》
鄭向恆著，《歐遊心影》、《鄭向恆遊記》、《鄭向恆隨筆》
姜龍昭著，《回祿殘存》、《錢能通神》
馮　馮著，《霧航：媽媽不要哭》（全三冊）
魏子雲著，《深耕《金瓶梅》逾三十年》
陳仲義著，《現代詩技藝透析》
黃文範著，《八秩述譯》、《台北第一聲炮響》
傅光明著，《現代文學夢影拾零》
蘇友貞著，《知更鳥的葬禮》
台　客著，《詩海微瀾》、《童年憶舊》
王昭慶著，《美夢成真》
文曉村著，《輕舟已過萬重山》
許少滄著，《王彬街拾零集》、《岷灣浪嘯》
裴尚苑著，《環遊世界》
劉明蓁著，《心情，偶有陣雨》

民國 100 年 5 月 1 日於天然台湘菜館周南女子同學會贈書《鄭向恆隨筆》秦厚修會長。

賀志堅主編，《歷代蓮花人詩詞選》

張　朗著，《詩話中華》（三代篇）

田鳳台著，《雪泥鴻影文集》

李彥禎著，《有愛無淚》

歐陽揚明著，《懷憶金門》

聶本立・王德勇著，《「文華」故事》

張堂錡編著，《百年文心—政大中文學人群像》

朱介凡著，《白話文跟文學創作》、《文藝生活》

古　晟（陳福成）著，《迷情・奇謀・輪迴—㈠㈡㈢被詛咒的島嶼》

陳福成著，《春秋正義》、《頓悟學習》

陳福成著，《公主與王子的夢幻》

秦　嶽著，《書海微波》

劉榮生著，《東橋說詩續集》

落　蒂著，《山澗的水聲》

芯　心著，《晚杜鵑》

陳福成著，《一個軍校生的台大閒情》

孫如陵著，《副刊論—中央副刊實錄》

紀　弦著，《年方九十》

丘孔生著，《下班後的雙人舞》
施仲謀、楊咸銀著，《紅樓夢詩詞釋義》
段彩華著，《無限時空逍遙遊》
陳永騰著，《猿與鳥：二百五十年後的幻想另一類的科學思維》
汪　理著，《走過千山萬水》
陳國綱著，《一心文集》
楊贊淦著，《正心文集》
張　穎著，《身在何處都好修行》
雪　飛著，《大腦網路百花香》
唐潤鈿著，《優游於快樂時空》
陳徵毅著，《一書一世界・千里問新知》
陳福成譯，《愛倫坡恐佈推理小說經典新選》
楊昌年著，《烈火入冰—楊昌年小說自選集》
瞿秀蘭著，《心痕履影》、《閒看花開花落》
古　晟（陳福成）著，《迷情・奇謀・輪迴㈡　進出三界大滅絕》
楊華康著，《談年、過年、迎新年》
祝振華著，《人性與人心》
王　幻著，《冷瑟詞》

郁　丁著，《家在山那邊》、《紐約客看台北》

李亞菁著，《書海浮生錄》

吳宗珍著，《江山萬里情》

古　晟（陳福成）著，《迷情．奇謀．輪迴(三)——我的中陰身經歷記》

王潤華編，《盧飛白詩文集》

陳福成著，《洄游的鮭魚》

謝秀文著，《何處覓桃源》

楊世輝著，《寄園詩選》

郭宣俊著，《紐約觀察站：當代時事評論》

陳福成著，《山西芮城劉焦智《鳳梅人》報研究》

陳福成著，《古道．秋風．瘦筆》

米至人著，《汾河西岸的春天》

空　因著，《太陽草》

馬德五著譯，《天堂遊——現代聊齋故事》

劉國欣著，《沙漠邊的孩子》

陳福成著，《三月詩會研究：春秋大業十八年》

〈戲曲研究系列〉

劉慧芬著，《古今戲台藝術與戲曲表演美學》

〈現代文學研究叢刊〉

王潤華著，《華文後殖民文學—本土多元文化的思考》
張堂錡著，《跨越邊界》、《追想彼岸》、《嬗變中的光影》
徐國源著，《中國朦朧詩派研究》、《傳播的文化修辭》
尤純純著，《重塑現代詩—羅門詩的時空觀》
傅光明著，《老舍之死及其他》
章亞昕著，《情繫伊甸園：創世紀詩人論》
文史哲編委會編，《無名氏的文學作品探索與紀懷》
欒梅健著，《純與俗—文學的對立與溝通》
劉正偉著，《覃子豪詩研究》
黃文倩著，《莫言《豐乳肥臀》論》
孫宜學著，《雪泥上的鱗爪》
張新穎著，《批評從心：中國當代文學論集》
徐國源著，《草根傳播與鄉村記憶》
王　堯著，《「文革」對「五四」及「現代文藝」的敍述與闡釋》
許俊雅著，《我心中的歌：現代文學星空》

廖冰凌著，《尋覓「新男性」：論五四女性小說中的男性形象書寫》

唐翼明著，《大陸當代小說散論》、《大陸現代小說小史》

宋炳輝著，《追憶與冥想的誘惑》

郭冰茹著，《「革命敘事」與現代性》

陳素雲著，《曹禺戲劇與政治》

王堯主編，《文革文學大系》（一—十二）

崔家瑜著，《謝冰瑩及其作品研究》

季　進著，《閱讀的鏡像》

王潤華著，《慾望與思考之旅》

張堂錡著，《黃遵憲的詩歌世界》

張堂錡著，《精神家園：現代中文文學研究論叢Ⅳ》

〈臺灣近百年研究叢刊〉

林政華著，《臺灣文學汲深》、《臺灣文學教育耕穫集》

陳德和著，《臺灣教育哲學論》

林珀姬著，《南管曲唱研究》

鄭定國等著，《日據時期雲林縣的古典詩家續編》

鄭定國等著，《日據時期雲林縣的古典詩家三編》

鄭定國主編，《林友笛詩文集》、《黃篆《草堂詩鈔》》

〈童真自選集〉（皆童真著）

《離家的女孩》、《花之夢》、《樓外樓》、《車轔轔》、

《寂寞街頭》、《寒江雪》、《霧中的足跡》

〈羅門創作大系〉

Au Chung-to Tom Rendall，《The Collected poems of LOMEN》（羅門詩英譯）

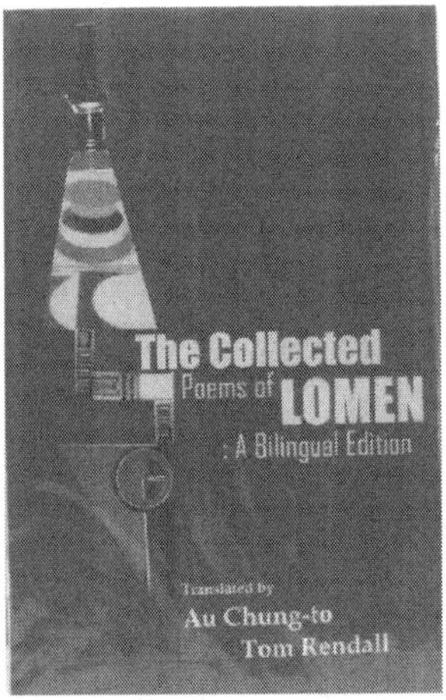

〈文史哲詩叢〉

徐世澤著，《翡翠詩帖》

李　玉著，《履塵詩集》

喜　菡著，《骨子裡風騷》

余興漢著，《山海盟詩詞》

陸麗雅著，《東海岸戀情》

周慶華著，《七行詩》、《未來世界》

汪洋萍著，《心橋足音》、《遊目騁懷》、《良性互動》

劉小梅著，《雕像》、《今夜有酒》、《刺心》

呂健春著，《山無陵》、《夏雨雪》、《福爾摩莎》

丁文智著，《葉子與茶如是說》

潘　皓著，《中國詩歌選二〇〇二年版》、《野農詩之錄》

談　真著，《出走的眼睛》

路　痕著，《餘光盅》

中國詩歌藝術學會編，《詩藝飛揚》

曾美霞著，《山動了》

平凡（施清澤）著，《平凡詩集》

戴麗珠著，《晨起所見》、《洋桔梗的親情》

葉來城著，《白凌詩集》

孫如陵著，《心曲》

徐傳經著，《東海寄廬七十詩鈔》

心　柔著，《在那遙遠的地方》

喬　林著，《文具群及其他》、《狩獵》

梅占魁、劉正偉編著，《生之吶喊》

劉小梅著，《種植一株寧靜》、《所有浪花流傳著》

王祥麟著，《詩瓣》

林詩治（林葉）著，《悅我人生》

蔡宗翰著，《傷痛詩集》
楊拯華著，《詩寫錦繡江山》、《詩寫美哉山水》
許運超、一信，《彩霞滿天》
本肇居士（陳福成）著，《幻夢花開一江山》
莊雲惠著，《大詩壇：詩人手跡》
王潤華、周策縱、吳南華編，《胡說草：周策縱新詩全集》
嵐　濤著，《雪祭之塞納河的回憶》
陳福成著，《春秋詩選》
台客主編，《詩藝浩瀚》
許運超著，《心靈詩語》
王潤華著，《上海太陽島詩選》
金　筑著，《擊掌》
蘭觀生著，《詩說浮世百態》
泛　宏著，《賭徒》
朱啟泰著，《千禧啟泰詩存》

〈比較研究叢刊〉

吳有能著，《對比的視野—當代港台哲學論衡》

〈中國現代文學名家傳記叢書〉

范伯群、范紫江著，《灑向人間皆是愛—冰心》

曾華鵬著，《零餘者的嘆息—郁達夫》

朱棟霖著，《戲劇與人生—曹禺》

欒梅健著，《安那其的家園—巴金》

姜　健著，《完美的人格—朱自清》

徐國源著，《寂寞的烏篷船—周作人》

季　進著，《圍城裡的智者—錢鍾書》

王兆勝著，《生活的藝術家—林語堂》

江湧、卞永清著，《秋實滿園—梁實秋》

廖大國著，《一個無題的故事—何其芳》

姚峰、邢超、徐國源著，《低吟淺唱的歌者—卞之琳》

陳　星著，《平凡、文心—夏丏尊》

錢錫生、陶中霞著，《泥土情深—臧克家》

劉志權著，《純粹的詩人—朱湘》

何　清著，《憂鬱的注視—艾青》

〈精緻小品〉

張堂錡著，《酒話連篇》

張　健著，《繽紛千謎》、《斑瀾千聯》

〈將軍傳記叢刊〉

歐陽禮著，《我的奮鬥》

陳國綱著，《歲月留痕》

廖明哲著，《了了人生》

張國垣著，《憶往悟來—一位四十五年軍人的人生領悟》

歐陽著編著，《歐陽文忠公遺跡與祠祀續編》

〈傳記叢刊〉

張立義著，《衣冠塚外的我》

李文雄著，《高雄議壇半世紀—長青議長陳田錨》

劉昭仁著，《螢雪齋主人七十自述》

〈藝術叢刊〉

陳怡蓉著，《巧繪剞工》

劉芳如著，《從繪本與文本的參照—探索宋代幾項女性議題》

宋后楣著，《近日清光》

〈國學〉

范耕研著，《國學常識》

陳維德著，《來自糖的故鄉》

〈論叢〉

淡江中文系主編，《文學與美學》（第七集）

中國文字學會主編，《文字論叢》（第一、二、三輯共三冊）

編委會編，《慶祝莆田黃錦鋐教授八秩嵩慶論文集》（平一、精一）

編委會編，《慶祝莆田黃錦鋐教授八秩日本町田三郎教授七秩崇慶論文集》

編委會編，《盧荷生教授七秩榮慶論文集》

東海大學文學院編，《美學與人文精神》

范耕研著，《學林》（平一、精一）

戴錦秀、戴文昌、戴麗珠著，《建築與小品》

國防醫學院人文社會學科編，《人文與社會》（一、二冊）

魏萼、李奇茂、張炳煌主編，《新儒、新新儒》

周化鵬著，《先嚴周公諱化鵬百年冥誕紀念遺文集》

逢甲大學國文系編，《六朝隋唐學術研討會論文集》

林耀曾教授哀思錄編委會，《林耀曾教授哀思錄》

日本福岡大學文心雕龍國際學術研討編委會，《日本福岡大學《文心雕龍》國際學術研討會論文集》

文心雕龍國際學術研討會論文集編委會，《二〇〇七《文心雕龍》國際學術研討會論文集》

鄭卉芸主編，《鄭樑生教授紀念集》

曾一民主編，《林天蔚教授紀念論文集》（平一、精一）

國立臺灣師範大學國文學系主編，《紀念瑞安林尹教授百歲誕辰學術研討會論文集》

〈叢　書〉

王更生著，《王更生全集》（第一輯）

編輯小組，《痛悼王師更生辭世：門生哀悼追思紀念文集錄》

〈元智通識叢書〉

《通識教育文史哲課程對話錄》、《倫理與通識》、《探索信息場》、《全球化時代的中文系》、《卓越創新在大學》、《魯迅越界跨國新解讀》

〈哲學類〉

李開濟著，《莊子的幽默禪》

蔡憲昌著，《易經與人生》（增訂再版）（又三版）

蔣立民著，《真理的極限》

陳永騰著，《次易原理》（上、下卷兩冊）

袁純正著，《先秦儒學之人倫思想：以孔孟思想為中心》

陳鼓應編，《道家文化研究》

孔孟學會編，《陳立夫先生孔孟學說論叢》

馬德五譯，《漢英對照老子道德經》

潘英俊著，《道德經異述》

武之璋著，《中庸研究論著集》

毛寬偉著，《周濂溪學說發微》

吳亮編撰，《忍經》

裴尚苑著，《治家瑰寶》

凡　仙著，《如何掌理方向》

〈宗教類〉

邢祖援編著，《中文聖經字辭音義助讀》

婁世鐘整理，《耶蘇靈道論語—多瑪斯福音》

唐秀連編著，《梵文佛典讀本》

〈醫藥〉

談　真著，《使你活得更健康》、《回到青春健康》

王世真著，《戰勝自己》、《跟恐慌說拜拜》

〈工程〉

呂寶霖編著，《訂做西服技術書》

〈教育〉

蔡世明著，《近百年來我國中學國文教學的發展》

盧增緒著，《菲華教育論叢》

林清和著，《教練心理學》

〈法律〉

邢祖援著，《志趣．論政．懷舊》、《篆書研究與習作選輯》

李南海著，《民國36年臺灣省行憲國民大會代表選舉之研究》

邱錦添、王怡然著，《兩岸保險法比較》

邱錦添編著，《最新兩岸保險法之比較》

邱錦添著，《海上貨物索賠之理論與實務》

王肖卿著，《物流單證與國際運輸法規釋義》

〈中國歷史〉

彭建方編著，《中華紀元年表》

黃文新著，《中國姓氏研究及黃姓探源》

馮　馮著，《趣味的新思維歷史故事》

〈史料〉

鄭樑生編校，《明代倭寇史料》（六、七輯兩冊）

莊吉發編譯，《滿語童話故事》、《滿語常用會話》

張克華校注，《清文指要解讀》、《續編兼漢清文指要解讀》

莊吉發編譯，《滿語歷史故事》、《滿漢西遊記會話》

莊吉發編譯，《滿漢諺語選集》

朱培庚著，《文海拾貝》

姜龍昭著，《掀開歷史之謎》、《楊貴妃考證研究》、《西施考證研究》

〈中國地理〉

王會均著，《海南王日琪公次支系譜》

〈傳　記〉

石永昌編著，《蘇州狀元石韞玉》

范耕研著，《藝硯齋日記》（平一、精一）

辛　鬱著，《神奇跑馬燈—科學月刊四十年人事流變》

王更生著，《王更生自訂年譜初稿》

彭伯良編纂，《中華民族炎黃源流簡易譜「彭」》

王會均纂，《海南日琪公次支系譜》

〈考　古〉（以下四本都林智隆、陳鈺祥編著）

《鋼之流采—郭常喜之摺疊花紋鋼鑄劍技藝》、《隋唐五代兵器研究初稿》、《宋遼夏金元兵器研究初稿》、《明代兵器研究初稿》

〈語言文法〉

談濟民著，《英漢語言親緣見證》

劉靜宜著，《實用漢語語法》

李春生等編著，《新編五專國文》（第一—四冊）

竺靜華著，《華語教學實務概論》

朱培庚編著，《寓言新話》、《多看故事多增智》

朱培庚著，《上好短篇選》、《試說心語》

朱培庚編著，《妙語啟示錄》

〈文字．聲韻．訓詁〉

黃翬梁編著，《甲骨周金文正形音簡釋彙編》

林正三著，《閩南語聲韻學》

洪乾祐著，《閩南語考釋續集》、《金門話研究》

陳潔淮著，《說文解字導讀》

劉　賾著，《聲韻學表解》

王志成著，《部首字形演變淺說》

王志成、葉鋐宙著，《趣味的部首》（上、下冊）

范耕研著，《藷硯齋讀書隨筆》

〈辭　典〉

杜振醉、施仲謀、杜若鴻著，《成語典故解讀》

〈文學總論〉

張雙英著，《文學概論》

黃載興著，《勉學集》

〈文學批評〉

郭紹虞著，《中國文學批評史》（再版）

羅　門著，《我的詩國》

〈詩〉

萬松巢著、范耕研重編，《十六錢硯齋詩文集》（平一、精一）

寇培深著、鄭文惠主編，《寇培深詩聯集》

朱啟泰著，《漫談中國近體詩》、《排律詩抄》

黃英雄著，《羅漢腳仔》、《比文招親》

鄒順初著，《天均詩文集》（二、三兩冊）

邢立堅著，《邢耐寒詩文集》

宋哲生著，《天涯客詩選》

周濟（雪齋）著，《諾貝爾交響樂》

羅浩原著，《蔗尾蜂房詩稿》、《娑羅鶴變詩稿》

潘　皓著，《雪泥煙波》、《哲思風月》

傅　予著，《生命的樂章》、（傅予詩集）

雨　弦著，《機上的一夜》、（雨弦詩集）

乾坤詩刊編輯委員會編，《拼貼的版圖》

徐世澤著，《思邈詩草》

〈大　學〉

蕭　蕭著，《我們就在光之中》

〈戲　曲〉

周嘯虹編，《國劇創作劇本》

姜龍昭著，《楊貴妃之迷》、《細說電影編劇》

蘇桂枝著，《國家政策下京劇歌仔戲之發展》

姜龍昭著，《姜龍昭劇選》（第五集）

徐天榮著，《笑的藝術與理路》

〈騷賦駢散〉

黃登山、黃炳秀編著，《古文分類選註》

朱培庚著，《且讓癡人話短長》

〈唐宋八大家叢刊〉

王更生著，《蘇軾散文研讀》、《曾鞏散文研讀》

〈小　說〉

張健、金志淵編撰，《紅樓夢之情節》

張堂錡著，《現代小說名作選》

〈法帖拓本〉

范耕研著，《范耕研手蹟拾遺》（平一、精一）

回顧這精彩的十年，本文雖以文化出版交流為大業主述，但其實彭正雄承擔的「大業」還多呢？二〇〇二年（民國九十一年）四、五月間，代表「出版同心會」到江西泰和，祝賀蕭人儲（前黎明文化事業公司經理）老母百歲，行大禮送巨額禮金。（註⑥）他長期以來是台北市「中庸學會」會員，出錢出力辦活動，二〇〇七年（民國九十六年）當選理事長，他的發揮空間更跨過出版界，用他在九十九年孔子誕辰的致詞短文，做為本文之結論，彰顯彭先生對我中華儒家文化傳揚的使命。他擎舉中國文化之火把，足為當代和後世中國人之典範。

至聖先師孔夫子誕辰，本會紀念的方式雖然簡單，但作為中道傳人，我們慕化和使命感，卻不輸給孔廟。這就顯示，實際意義遠勝過任何形式。

此刻，我要特別強調，中庸之道對修身、齊家與治國平天下的重要性。中庸第十二章有曰「君子之道肇端乎夫婦，及其至也，察乎天地。」這是說，君子所奉行的中庸之道，就從夫妻關係開始，而其適用的範圍，則廣及天地間一切事理，可見中庸之道多麼可貴。

中庸第二十七章又曰「極高明而道中庸。」這是說，不論才學有多高明，為什麼中庸第十二章有曰「君子之道費而隱」?因為,中庸之道無所不及,所以並不需要處處都貼上標籤。中庸第二十章就說「仁者人也,義者宜也。」具有仁德的人,才算具有人格,而義作合情、合理、合宜解,仁而依義,才不違背中庸之道。所以,中庸第十章有曰「忠恕違道不遠。」具有忠恕的仁德,只能說是距中庸之道不遠,仁而依義,才是完美的中道作為,可見義字宛如中庸的縮影,也可說是中庸之道的度量衡。

本會創會迄今,已有十一年,理監事也二度改選,大大提升領導階層的水準。老子曰「九成之臺,作於壘土」、「千里之行,始於足下。」我們的會刊廣受肯定,而在宣教效果上,也符合生活化與通俗化。我舉兩個例子。

第一、台北市公車司機以前對乘客僅有極少數有禮貌,但自從本會會刊予以表揚後,首都、大都會和欣欣客運的司機,全都見賢思齊。到現在連中學生和陸客,也都禮讓老弱婦孺,使外國人對臺灣的進步有著深刻的印象,而首都公車名叫楊見成的司機,則對本會榮譽理事長說:「他妻子對他受到表揚引以為榮,每隔幾天,就把「中庸學苑」拿出來細讀一遍。」

再看我們會裡的幾個寓教於樂的歌唱班,每次活動中段,就站起來唱會歌,然後由班長宣讀「每週一語」,結果真的產生「以文會友,以友輔仁。」的效果。

的效果。

荀子曰「跬步而不休，跛鱉千里。」老子曰「九層之塔，起於壘土。」「千里之行，始於足下。」只要我們同心同德，不斷奉獻心力，並表現高度使命感，我們就不失為正牌的中道傳人。

註　釋

①可查閱任何一本《金剛經》。本文引：星雲大師，《成就的秘訣：金剛經》（台北：香海文化事業出版有限公司，二〇一一年二月二十一日），附錄二。

②無名氏（卜乃夫），〈臺灣出版界的奇人俠士—記不平凡的臺灣人彭正雄〉，《青年日報》，二〇〇一年八月二十八、二十九日連載。

③彭正雄，〈兩岸傑出青年出版專業人才研討會總結〉，二〇〇三年四月五日，台北國家圖書館。

④彭正雄，〈臺灣出版概況及兩岸交流與展望〉，後發表於《青溪論壇》第三期（二〇〇八年七月十五日），先發表於「北京文聯座談會」（二〇〇六年十月二十五日）。

⑤陳福成，《找尋理想國：中國式民主政治要綱》（台北：文史哲出版社，二〇一一年二月）。

⑥「出版同心會」，出版界的一個小團體，其成員有：文史哲出版社彭正雄、健新書局董事長亦是前台北市出版公會總幹事陳礎堂、全華科技出版公司董事長陳本源、大輿

圖書公司董事長周法平、知音出版社社長何志韶、前台北市出版公會總幹事吳端、躍昇文化事業公司總經理林蔚穎、大學出版社負責人王麗敏、自由青年作家吳孟樵小姐。

詳見：《江西文獻》第一八九期，二〇〇二年（民國九十一年），八月。

第八章　在對抗天災人禍中奮進與第五個十年出版成果

世上很多事情表面看很弔詭，很難以理解。這是因為絕大多數人不會有深層思考，沒有深入看清一切事的因果關係。宇宙間沒有無「因」之「果」，所有事情的發生（當下之果），必然有諸多前因，惟人不察。

例如一個颱風來了，引起土石流或走山把一個小村莊活埋，死了數百人。這到底是「天災」或「人禍」？類似的災難在地球上可能天天有，花蓮和台南的地震，大樓崩倒壓死一堆人，這是天災還是人禍？

臺灣無藥可救的「低薪」，年輕一代視為災難，低薪總不能推給「天災」吧！那便是「人禍」，又是誰給人民製造這種災禍呢？有誰思考過這個問題？

彭正雄有多次給政府的建言，都提到「政府在謀殺出版業！為什麼要殺害出版業？難道臺灣不要出版業了！」這裡所指是傳統出版業，以出版「紙本書」為主的傳統出版社。這種至今仍能「活」著的出版社，都已經成為「古董」，乃至是「瀕臨絕種」出版社。例如，《文訊》策劃記錄的《臺灣人文出版社30家》。（註①）彭正雄這家文史哲出版社，雖也是美麗的人文風景之一，但不可否認的，全都面臨「夕陽工業」的困境，臺灣出版業面臨的災難比其他地區（如大陸、國際）複雜。部份可推給「天災」，惟筆者以為「人禍」居多。

所謂「天災」，也許可以把世界潮流、資訊電腦興起和電子出版（書）興盛等列入，這些是單純人力難以改變。乃對傳統出版業造成強大殺傷力，人們不看書或讀書習慣變了，紙本書必失去大量市場。當然，世界各地造成的傷害程度不同，政府有積極政策，有配套辦法提升全民閱讀，紙本書市場一樣看好，買書行情一樣很夯。

所謂「人禍」，是政府的政策錯誤（或不作為），導至傳統出版業面臨長期性災難，臺灣正是這種典型的「政府公然謀殺出版業」。因為意識型態搞「去中國化」，必然就失去中國市場，大陸是臺灣唯一的「天然市場」，失去天然市場就失去「生命資源」，這是必然且簡單的道理。捨中國市場，地球雖大，台商（含島內）無處可去，不信我言者，可往後看！

臺灣搞「去中國化」，對文史哲出版社的「殺害」，超過全臺灣所有出版社，彭正雄呼天天不應，叫地地不靈，只能眼睜睜看著市場的流失。為什麼？光用說用寫可能讀者看倌尚不易理解。這得親自走進文史哲出版社才看到「血淋淋的證據」，滿坑滿谷，幾大庫房，幾乎全是「中國書」，從三皇五帝堯舜禹夏商周、秦漢三國兩晉、隋唐五代宋元明清到現代中國，歷代經典古籍和現代人的研究專著，全都集大成於文史哲出版社，全臺灣獨一無二的出版社。所以，臺灣近二十年來的「去中國化」，等於對文史哲出版社的長期「凌遲」。加上「夕陽工業」大潮的入侵，彭正雄等於要對抗「天災」和「人禍」兩種虐待。

對抗天災與人禍的雙重圍攻，彭正雄率領妻女「死裡求生」，逆向操作，讓文史哲出版社完成「二代接班」，可以持續經營下去。在這第五個十年裡，他同樣高舉文化出版交流大旗，交出豐碩的出版成果。

本階段從二〇一一年（民國百年），到二〇一八年（民國一〇七年）春，筆者寫完本書之際，彭正雄從七十三歲到八十歲。他依然是「老驥伏櫪，志在千里；烈士暮年，壯心不已。」

壹、困境中奮進的兩岸文化出版交流

為突破種種困境，本階段開始的第一年，民國一百年三月，彭正雄洋洋灑灑的千言書，〈傳統圖書出版業何去何從〉一文，上書當時的總統馬英九。這封「陳情書」分「現今出版業面臨的困境」、「政府打擊出版業的生存」和「建議」三大部份，文情並茂，合情合理。可以想到的是，當然「白做工」，彭正雄只能回家生悶氣，再打起精神，奮戰到底，絕不低頭，他的字典裡沒有「輸」字，人生沒有敗仗！

二〇一二年（民國一〇一年）九月，他以七十四歲「老馬」遠征新疆，厲害吧！

參加在烏魯木齊舉辦的「第一屆中國—亞歐博覽會」，臺灣參加者僅有文史哲出版社和世界書局兩家。彭正雄運去的圖書展品，展後全部捐贈新疆大學。

據新疆自治區新聞出版局黨組書記衍永強介紹，該出版博覽會是根據國家對外發展戰略，由國家新聞出版總署和自治區人民政府主辦，有蒙古、美國、俄羅斯等十一個國家十八家出版機構參展；臺灣、香港三家出版機構參展，國內外共有出版集團三十個。展期從九月三日到七日，包含有論壇、高層會晤、嘉賓巡展、中外合作出版圖書首發會、惠民銷售等活動。

同年十一月，「第十七屆兩岸四地華文出版年會」，在台北市立圖書館舉辦，彭正雄不死心提報〈傳統出版業面臨的困境與展望〉論文。次年（民102）四月十八到廿三日，

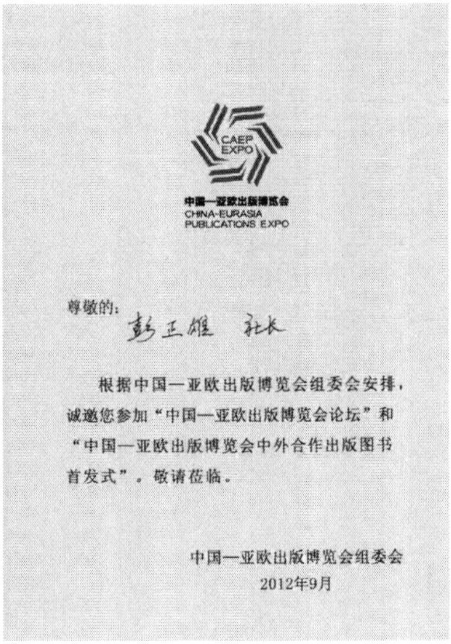

尊敬的：彭正雄 社长

根据中国—亚欧出版博览会组委会安排，诚邀您参加“中国—亚欧出版博览会论坛”和“中国—亚欧出版博览会中外合作出版图书首发式”，敬请莅临。

中国—亚欧出版博览会组委会
2012年9月

他老人家又起程遠征海南省，參加「第二十三屆全國圖書交易博覽會」，他也利用時間追尋蘇東坡足跡，吸取一點文學文化的養分。這年十一月他擔任臺灣出版協會第一屆理事，並當選副理事長。

二〇一四年二月，彭公參加在福建舉行的「南國書香節」書展，「臺灣文化主題館」是展區亮點。經廣東新華發行集團、福建閩台圖書公司和臺灣出版協會三方協商，簽署「合作協議書」，制定任務完成時間表。「臺灣文化主題館」依協議，由福建閩台圖書公司負責執行，臺灣出版協會監督。六月九至十日，「兩岸華文文學研討會」，在台北福華飯店舉行，彭提〈淺談兩岸文化交流〉論文。這年八月，彭正雄偕夫人到廣州，參加首屆「粵台港澳出版論壇」。

此後的幾年雖是一把年紀，彭公依然把握機會高舉兩岸文化出版交流的鮮明旗幟，把中華文化傳揚到底。二〇一五年十月，到貴州貴陽參加「首屆國學圖書博覽會」，說到「國學」彭公眼睛閃出金光，他這輩子正是靠「國學」起家，靠「國學」發達。如今所為，是在挽救國學、宣揚國學，國學是他的人生使命！

二〇一六年二月十九日，彭公參加在台北舉行的「兩岸出版編輯界高端研討會」。研討會主題「出版編輯策劃與創意設計的構思」；副題「兩岸出版編輯界的現狀、發展、問題及展望」。研討會由臺灣出版協會、中國編輯學會共同主辦。出席研討會的兩岸出版編輯界代表近五十人，是兩岸出版交流近三十年來一個新局面的展現，勢必對兩岸出版編輯界的交流擴大影響的層面，並為開創新局與交流合作帶來新契機。凝聚共識如下：㈠希望研討會的召開，促使兩岸出版編輯界建立交流機制與合作出版的平台。㈡針對出版編輯界面臨新科技、新技術的挑戰，配合學術機構辦理培訓課程。㈢建議兩岸協會與學會合作，擇期舉辦經典作品與裝幀設計展示會，並頒發設計獎與貢獻獎。㈣條件成熟後，兩岸協會與學會可規劃舉辦「出版編輯峰會」，進行兩岸出版界高層交流，深化交流目的。

順帶一述，本階段的二〇一四年是有特殊意義的年度，在彭正雄和鄭雅文的贊助支持下，於五月四日創辦《華文現代詩》季刊。編委有十位：林錫嘉、曾美霞、楊顯榮、劉正偉、陳福成、許其正、莫渝、陳寧貴、鄭雅文、彭正雄。鄭雅文任社長；林錫嘉任總編輯審稿總校編；曾美霞任副總編輯負責電子初審稿及校編；發行人彭正雄負責電子編排、版款美編出版及實務發行，兼多項工作以節省經費；每位編委各有主編專屬欄目及校勘。楊顯榮任創世紀詩雜誌季刊社長，社務繁忙，二〇一五年六月辭去編委。

貳、彭教授、淡江大學中文所講學

二〇一五年十月，彭正雄應淡江大學中文所張雙英教授邀請，到該所向碩博士生分享〈書的版本演繹史〉，把「中國書」的版本，從五千年前講到現在。後來我碰到他，就改口叫他「會叫的野獸」，他整理上課的講義，以《圖說中國書籍演進小史》書名，

楷書　甲骨文　金文　楷書　甲骨文　金文

銅器毛公鼎銘文：陳簠齋榻本
（劉立委階平收藏提供）

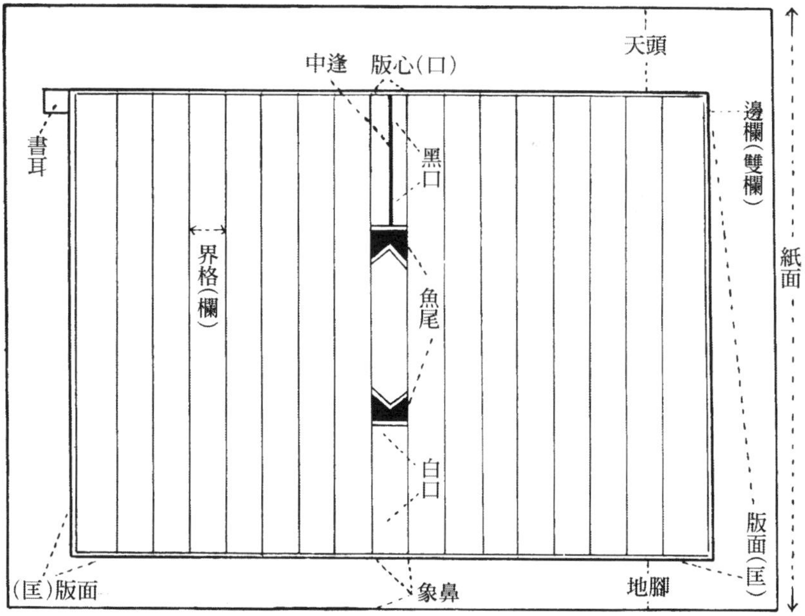

古籍線裝書版刻行款名稱　（彭正雄繪製）

於二〇一八年三月，由自己的出版發行出版。（註②）這位才高商畢業的出版社小老闆，有什麼能耐榮登大學講堂？講授對象還是一群碩博士研究生！筆者研究彭先生多年，確實是有些「神奇」之處，就如大家贊嘆莫言才小學畢業，怎麼拿了諾貝爾文學獎！

其實不難理解這些問題，一半是先天基因中的天賦，一半是後天自己的苦學努力，經驗與智慧融合而成。所謂「台上一分鐘，台下十年功」，彭正雄今日的成就或能耐，是他從年輕開始就苦學、努力，並謙虛向高人名師請益，積累八十年而集其大成。

回顧他年輕時在學生書局工作，一九六五年他幫國策顧問曾約農編輯「湘鄉曾氏文獻」，找到了曾文正公遺失兩年的日記《綿綿穆穆室日記》，曾約農總以為他是師大畢業的高材生。

當然自己努力才是重點，彭正雄除出版要務，自己也深入古籍，成為一個學者、作家，出版自己的著作；在自己辦的雜誌《文史哲雜誌》，連載〈出版事業經營法〉。早在二〇〇三年，他受聘國立臺中圖書館《書香遠傳》雜誌評選委員。

二〇〇六年又受聘教育部「財團法人高等教育評鑑中心基金會」評鑑委員。高職畢業的他，不僅有能耐為碩博士生講課，更有能耐評鑑高等教育，這是一種超越知識和學歷的「自我修煉智慧」工夫。

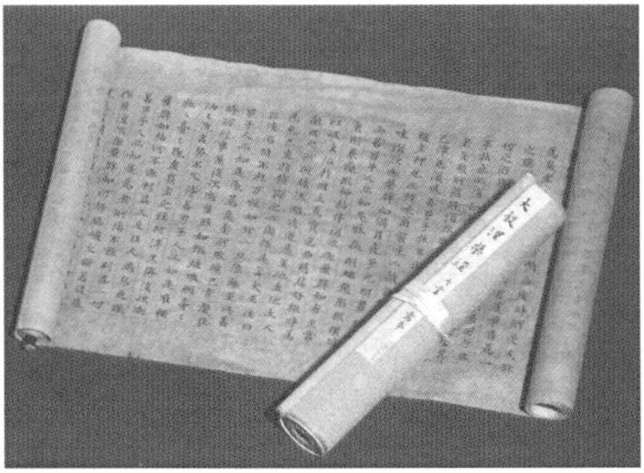

卷 軸

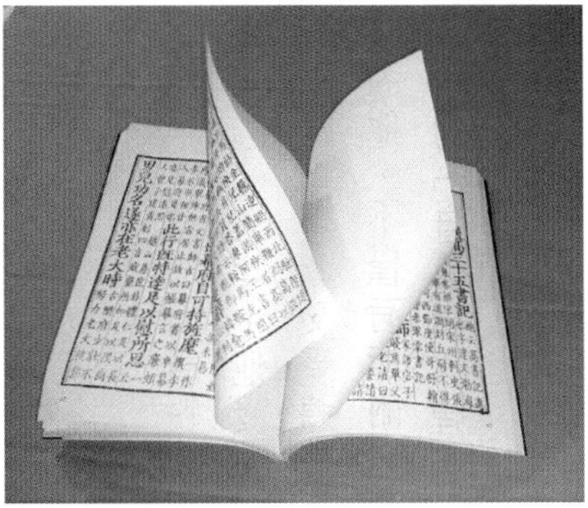

蝴蝶裝

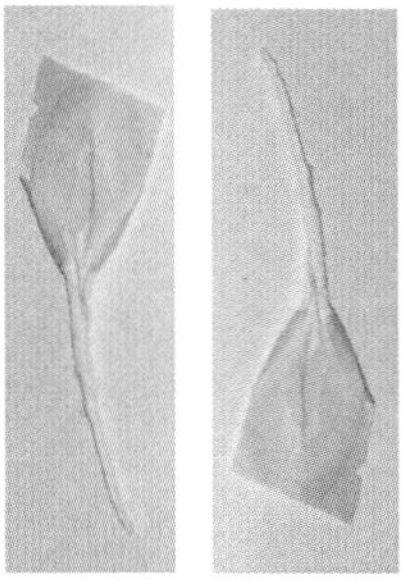

線裝書的紙釘，可
固定書不易脫落。

線裝書及函套

精 裝

經摺裝

難怪著名的學者龔鵬程在他《四十自述》一書，道出彭正雄給他很「神奇」的觀感，有如下的一段話。（註③）

……呀，關於碩士論文，不能談太多，否則又會再寫一冊了，在寫論文時，黃錦鋐老師適在日本訪問，我寫完即付印，沒敢拿給他看。怕他要我修改，延遲了我想兩年畢業的打算（當時所中規定無須讀三年）。故騙他曾寄去日本，說可能郵路遺失了。黃老師知我妄誕，一笑置之，仍一讓我提交口考。由於論文寫好後沒請老師替我斧削裁正，我送去文史哲出版社請彭正雄老闆刊印時，他便發現我的格式體例並不符合現代學術論文的規範，才指導我修改調整。當時我很覺得不好意思，也很感激他。且知市井多高手，各出版社老闆其實都不簡單，我們學院中人不能自以為是，時時虛心向各行各業人士討教，是很重要的。……

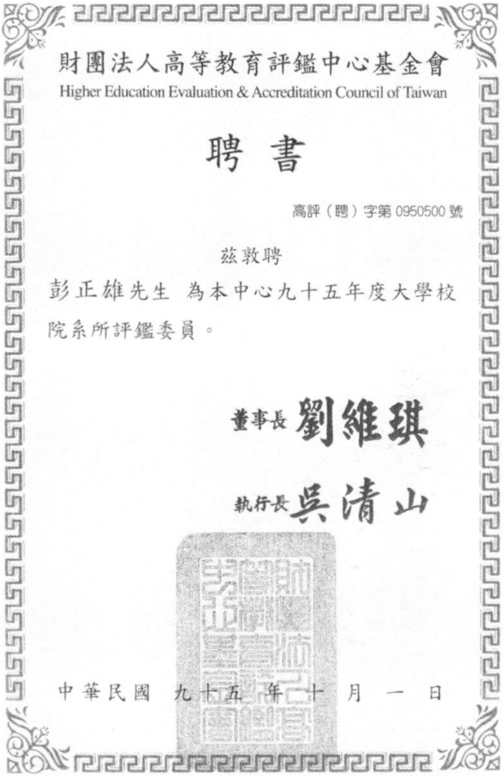
財團法人高等教育評鑑中心基金會
Higher Education Evaluation & Accreditation Council of Taiwan

聘書

高評（聘）字第 0950500 號

茲敦聘

彭正雄先生　為本中心九十五年度大學校院系所評鑑委員。

董事長　劉維琪

執行長　吳清山

中華民國　九十五　年　十　月　一　日

有很多學問在課本、講堂是學不到的，而有些「經驗」也必須親自去實證，才會成為自己的智慧。彭正雄累積了許多出版知識與編輯經驗，有的甚至論文過不了關，他幫忙改個書名或改個字，也就過關。台中師專陳某夫人出了一本《台語音韻學研究》送到教育部升等論文，一個月被打回來。她來找彭，彭一看書名與內容不符合。所謂台語是菲律賓的土著語，將它改成《臺灣閩南語音韻學研究》，再送教育部升等審查很快通過了。

參、第五個十年出版成果

〈文史哲學集成〉

謝秀文著，《春秋左傳疑義考釋》

徐漢昌著，《韓非的法學與文學》

范文芳著，《司馬遷的創作意識與寫作技巧》

張仁青著，《六朝唯美文學》

王居恭著，《風水羅盤》

黃登山著，《老子思想研究》（修訂再版）

陳志清著，《切韻聲母韻母及其音值研究》

蕭　欽著，《監察權新論》
虞義輝著，《安全管理與社會》
周聰俊著，《三禮禮器論叢》、《饗禮考辨》
吳致融著，《陸學為體朱學為用：從「功夫」論吳澄》
黃紹梅著，《王充《論衡》的批判精神》
李殿魁著，《雪泥集：漢學文字戲曲論集》
張堂錡著，《個人的聲音：抒情審美意識與中國現代作家》
莊吉發著，《清史論集》(21)、(22)、(23)、(24)、(25)、(26)、(27)七冊）
陳伯適著，《義理、象數與圖書之兼綜──朱震易學研究》
黃瓊誼著，《紀昀綜論》
曾聖益著，《考據斠讎與應世──儀徵劉氏經學與文獻學研究》
林少雯著，《豐子愷《護生畫集》體、相、用之探討》
台北廣東同鄉會編，《廣東先賢評論集》
萬　茹著，《《現代漢語詞典》第五版修訂計畫考察》
林律光著，《維摩佛學論著集》（(一)(二)兩冊）
于復華著，《劇場安全》、《《玉茗堂四夢》戲劇危機研究》
施建平著，《《型世言》代詞計量研究》
彭銘淵著，《兩岸藍海策略論壇：運送人的責任》

李長遠著，《北宋理學「性與天道」思想的淵源初探》

戴文和著，《晚明經世學鉅著《皇明經世文編》及其相關問題研究》

柯萬成著，《韓愈古文新論》、《韓愈事蹟與詩文編年》

姚榮松著，《厲揭齋學思集》

鄭月裡著，《華人穆斯林在馬來西亞》

張仁青著，《中國駢文發展史》

鄭基良著，《晚明改過思想之研究》、《孔子人道哲學的研究》

黃端陽著，《范文瀾文心雕龍注研究》

鄭基良著，《儒、道、釋醫論養生》

袁　冀著，《元史鉤沉》（增訂再版）、《元代蒐奇錄》

黃淑貞著，《建築美學：合院「多、二、一（〇）」結構研究》

陳福成著，《西洋政治思想史概述》

陳福成著，《政治學方法論概說》

吳　鈞著，《魯迅詩歌翻譯傳播研究》、《譯易學研究》

侯雲舒著，《虛擬與寫實的碰撞：20世紀前期京劇形成的新變與跨界》

李南海著，《民國36年行憲國民大會代表選舉之研究》

吳椿榮著，《吳椿榮文史論述集：泥爪集》、《詞與掇拾》

吳椿榮著，《字詞類編》

賴世炯等著，《從易經談人類發展學》
鄭婷尹著，《明代中古詩歌批評析論》
田富美著，《乾嘉經學史論：以漢宋之爭為核心之研究》
鄭仕一著，《身體技能實踐的反映與轉化》
楊穎詩著，《郭象《莊子注》的詮釋向度》
楊燕韶著，《明季嶺南高僧：函可和尚的研究》
魏　萼著，《中國國富論：中國經濟：從文化衝突到文明融合》
胡倩茹著，《盛清詩壇的奇流：鄭板橋詩歌及其思想》
劉敏元著，《明末清初西方傳教士與中國》
曾聖益著，《漢書藝文志與書目文獻論集》
李育娟著，《《江談抄》與唐宋筆記研究：論平安朝對北宋文學之受容》
鄭基良著，《王陽明與康德道德哲學的比較研究》
蕭君玲著，《變動中的傳承：民族舞蹈創作的文化性與當代性》
王鵬凱著，《傳世與淑世的理念下的《閱微草堂筆記》創作》
徐信義著，《戲曲文談》
李殿魁著，《戲曲音樂論集》
齊汝萱著，《清代秘密宗教人物研究》、《清代秘密會黨人物研究》
許朝陽著，《善惡皆天理：宋明儒者對善惡本體義蘊之探討》

朱培庚著，《歷代名賢典範》
虞義輝著，《安全管理理論與實務》
徐康明著，《中國遠征軍戰史》
陳睿宏著，《宋元時期易圖與數論的統合典範：丁易東大衍數說圖式結構化之易學觀》
簡澤峰著，《理論、批評與詮釋》
韓仁先著，《國家兩廳院品牌研究》
游適宏著，《以賦憶賦：清代臺灣文集賦的仿擬與記憶》
鄧詩屏著，《十九世紀小號演奏風格研究》
葉宣模著，《金剛經之中道觀》
陳福成著，《洪門青幫與哥老會研究：兼論中國近代秘密會黨》
唐立成著，《易經現代觀》
廖忠俊編著，《史記漢書概說》
趙文豪著，《典律的錨準：2005~2013 年三大報新詩獎研究》
向天淵著，《紫燕銜泥眾口築居：中國新詩的「公共性」研究》
王旭梁著，《羅福萇生平及其學術述論》
杜松柏著，《科學、科學哲學與人類》
鄭錠堅著，《共舞身心靈：身、心、靈三個層面工作的理論、意義、應用與技術》
楊惠玲著，《話古今說中外：漢語的可能性世界》

章台華著，《孟子詩契》
楊鴻銘著，《古詩十九首析評》
陳富容著，《元雜劇三階段版本之變異研究》
張雙英著，《文學的內部研究與外緣研究：從文字到抒情與批評》
蔡淑閔著，《明末清初「敬天愛人」思想研究：以天主教儒者為中心》
呂　晴著，《延安作家思想改造之考察：以何其芳、丁玲為主》
吳懷晨著，《奧賾論理：跨文化哲學研究》
陳恬儀著，《世變中的魏晉世族與文人心態研究》
李顯光著，《方仙道與古華山》
陳福成著，《大兵法家范蠡：商聖財神陶朱公傳奇》
徐麗霞著，《古典文論詩文之論述》
陳啟仁著，《南朝陶淵明人物形象之建構與重構》
莊吉發著，《京師大學堂》
旗人與國家制度工作坊編著，《「參漢酌金」的再思考：清朝旗人與國家制度》
李立信著，《《昭明文選》分三體七十五類說》
楊穎思著，《老子思想詮釋的展開：從先秦到魏晉階段》
林中明著，《詩行天下》
黃忠慎著，《《毛詩李黃集解》研究》

潘榮飲著，《論秘密社會的叛亂：一個微觀社會學的視角》
楊穎詩著，《老子義理疏解》
曾聖益著，《崇實經世：清初學術思想芻論》
徐惠玲著，《由傳統到創新：論臺灣方志之編纂》
鄭婷尹著，《六朝選詩定論對身體與時空之闡發：兼論吳淇之情辭觀》
賴昇宏著，《秦漢諸子禮學研究》

〈文學叢刊〉

莊　政著，《臺灣高校與觀念論集》
周俊良著，《僑窗觀景雜文雜萃：長大成人在成大》
陳福成著，《迷情・奇謀・輪迴》（(一)(二)(三)冊合訂本）
陳福成著，《找尋理想國：中國式民主政治研究要綱》
于德蘭著，《愛的叮嚀》
陳福成著，《我所知道的孫大公：黃埔28期孫大公研究》
陳福成著，《在「鳳梅人」小橋上：中國山西芮城三人行》
落　蒂著，《尋找詩花的路徑》、《六行寫天地》
林錫嘉著，《不大不小的戰爭》
陳福成著，《大浩劫後：日本東京都知事石原慎太郎天譴說溯源探解》

瞿秀蘭著，《栽一株生命之樹》
張煥卿著，《情誼涓滴訴不盡》
侯　楨著，《仍然有夢：侯楨散文集》
陳福成著，《第四波戰爭開山鼻祖賓拉登—兼論戰爭之常變研究要綱》
陳福成著，《台大逸仙學會》
吳尊銓著，《過目雲煙—我的30年菸草生涯》
落　蒂著，《大家來讀詩》、《落蒂散文集》、《落蒂小品集》
鄧鎮湘著，《南窗吟草》
劉詠平、于杰著，《丹心如玉：品賞蓬丹的文學清境》
楊鴻銘著，《詩的行板》、《思想的與文學的》
鄭向恆著，《海闊天空》、《中國文學賞析》
張堂錡著，《青春1980》
陳福成著，《金秋六人行》
李如玉著，《無根的雲》、《尋尋覓覓：內在探索之路》
芯　心著，《點燃紅燭第九支》
陳福成著，《中國當代平民詩人王學忠詩歌箚記》
劉振雄著，《鏡頭裡，我的夢和愛》
陳福成著，《我們的春秋大業：三月詩會20年別集》

陳福成著，《臺灣邊陲之美》
周玉寧著，《楊小陽的假期》
陳福成著，《最自在的是彩霞：台大退休人員聯誼會》
陳福成著，《台中開發史—兼台中龍井陳家移台略考》
趙迺定著，《人生自是有路癡—趙迺定文論集》(一)
陳福成著，《嚴謹與浪漫之間：范揚松的生涯轉折與文學風華》
薛兆庚著，《錦繡河山任遨遊》
張　帆著，《歲月無痕》
姬　嫣著，《戴蝴蝶結的姑娘》
周俊良著，《金色晚霞下：僑窗觀景散文雜萃集》
周俊良著，《金色晚霞下：僑窗觀景異鄉感懷集》
周俊良著，《金色晚霞下：僑窗觀景杏壇散論集》
趙迺定著，《馬斯洛與其「自我實現」—趙迺定文論集》(二)
蕭　欽著，《容子齋文集》、《容子齋詩集》
蕭　欽著，《容子齋聯集》、《容子齋集錦》
陳福成著，《讀詩稗記：蟾蜍山萬盛草齋文存》
陳友方著，《憶往五集》
陳福成著，《古晟的誕生：陳福成60回顧詩展》

陳福成著，《迷航記：黃埔情暨陸官44期一些閒話》
柯 林著，《故事新說》
陳福成著編，《與君賞玩天地寬：我在傾聽你的說法》
陳永騰著，《皇道無間》
林明理著，《海頌：林明理詩文集》
陳福成編，《為中華民族的生存發展進百書疏：孫大公的思想主張書函手稿》
劉錫洲著，《耄年書懷：劉錫洲回顧錄》
陳福成著，《一信詩學研究：解剖一隻九頭詩鵠》
陳福成著，《「日本問題」的終極處理：21世紀中國人的天命與扶桑省建設要綱》
古繼堂著，《古繼堂論著集》
陳福成著，《天帝教的中華文化意涵：掬一瓢《教訊》品天香》
陳福成著，《台大教官興衰錄：我的軍訓教官經驗回顧》
鐘友聯著，《禪餘歪詩》、《知音送暖》
鐘友聯著，《般若禪詩》、《舞詩樂趣多》
李在中編著，《悲欣交錯黃葉中》
台 客著，《我們這一班》、《窗外的風景》
趙迺定著，《靈與肉：趙迺定小說集早期作品之一》
沈定濤著，《吟遊的鳥》、《航向田納西》

陳福成著，《台北的前世今生：圖文說台北開發的故事》
朱秉義著，《韜光齋吟草》
陳福成編，《把腳印典藏在雲端：三月詩會詩人手稿詩》
陳福成著，《奴婢妾匪到革命家之路：復興廣播電台謝雪紅訪講錄》
趙迺定著，《美麗樹悲歌：趙迺定小說集早期作品之二》
陳福成著，《我的革命檔案》
陳福成著，《胡爾泰現代詩臆說：發現一個詩人的桃花源》
楊鴻銘著，《茶花的詩與文》
陳福成著，《從魯迅文學醫人魂救國魂說起：兼論中國新詩的精神重建》
陳福成著，《台北公館台大考古導覽：圖文說公館台大的前世今生》
陳福成著，《60 後詩雜記現代詩集》
陳福成編，《臺灣大學退休人員聯誼會會務通訊》
陳福成著，《中國全民民主統一會北京天津行：兼述全統會過去現在與未來發展》
逍遙客著，《夢醒南加州》
陳福成著，《「外公」和「外婆」的詩：暨三月詩會外公外婆詩》
陳福成編，《留住末代書寫的身影：三月詩會詩人往來書簡存集》
謝秀文著，《寒雁集》
陳福成著，《我這輩子幹了什麼好事：我和兩岸大學圖書館的因緣》

吳信義著，《所見所聞所思所感：健群小品》
王榮川編著，《走過塵土與雲月》
蕭人儲著，《流痕記》
陳福成著編，《最後一代書寫的身影：陳福成往來殘簡存集》
陳福成著，《梁又平事件後：佛法對治風暴的沉思與學習》
陳福成編，《三世因緣書畫集：芳香幾世情》
陳福成、潘玉鳳著，《那些年，我們是這樣寫情書的》
傅詩予著，《雪都鱗爪》
陳福成著，《臺灣大學退休人員聯誼會第九屆理事長實記 2013-2014》
落　蒂著，《書香滿懷》
陳福成、潘玉鳳著，《那些年，我們是這樣談戀愛的》
路　果（路復國）著，《俄羅斯血娃》
章台華詮釋，《方子丹詩詮釋》
賴欣陽等輯編，《夢機集外詩》
楊文澗著，《倒帶》
王申培著，《劍橋狂想曲》
劉曉頤著，《倒數年代》
葉于模著，《心海索隱》

鄭向恆著，《鄭向恒散墨》
陳福成著，《王學忠籲天詩錄：讀《我知道風兒朝哪個方向吹》的擴張思索》
陳福成著，《一隻菜鳥的學佛初認識：讀《星雲說偈》和《貧僧有話要說》心得報告》
吳仁傑著，《海外滄桑的蹤跡》
陳福成著，《海青青的天空—牡丹園詩花不謝》
陳福成著編，《世界洪門歷史文化協會論壇：澳門洪門 2015 記實》
林明理著，《林明理散文集》
陳福成著，《緣來艱辛非尋常：賞談范揚松仿古體詩稿》
王之相著，《王安石和他的時代》
陳有方著，《憶往六集》
許其正著，《晚霞燦黃昏：裸體寫真晚年》
吳信義著，《芝山雅舍—健群小品》
鄧鎮湘著，《十萬山人集》
陳福成著編，《典藏斷滅的文明：最後一代書寫身影的告別紀念》
陳福成著，《葉莎現代詩研究賞析：解讀靈山一朵花的美感》
陳韶華著，《路遠迢遙》
曾美霞著，《消失的紫》
蔣子安著，《夕陽情挑：大明星與部長》、《海嘯嬌娃》

蔡富澧著，《碧海連江：散落閩江口的珍珠》
劉玖香著，《堅忍修得一世緣：香遠益清》
傅湘龍主編，《遊藝湖山》
林明理著，《我的歌 My Song》
沈定濤著，《無牙王哥》
陳福成著，《臺灣大學退休人員聯誼會第十屆理事長暨 2015-2016 重要事件簿》
陳福成著，《我與當代中國大學圖書館的因緣》
鄭啟功著，《遊塵》
子　青著，《湖心印記》
楊鴻銘、張梅娜，《四季》
陳福成著編，《廣西參訪遊記—中國全民民主統一會廣西參訪》
莫　渝著，《畫廊：莫渝美術詩集》
藍　雲著，《宮保雞丁：信筆璅語》
陳福成著，《中國鄉土詩人金土作品研究：我與遼寧張云圻《華夏春秋》因緣》
藍　雲著，《雙重奏：評論藍雲・藍雲評論》
陳福成著，《暇豫翻翻《揚子江》詩刊—蟾蜍山麓讀詩瑣記》
吳信義著，《健群小品第三集》
陳福成著，《我讀上海《海上詩刊》—中國歷史園林豫園詩話瑣記》

〈現代文學研究叢刊〉

朱敬宇著，《王蒙小說與蘇俄文學》
林明理著，《藝術與自然的融合：當代詩文評論集》
林明理著，《行走中的歌者：林明理談詩》
王　堯著，《「文華」與「五四」比較論：以文學為中心》
陳福成著，《為播詩種與莊雲惠詩作初探：暨莊老師的童詩花園詩友會》
劉正偉著，《早期藍星詩史》
吳懷晨著，《主題與愛慾：現當代華文作品論述》
林明理著，《名家現代詩賞析》
鄭錠國著，《天真之旅：武俠小說與科幻小說論文集》

〈臺灣近百年研究叢刊〉

吳椿榮著，《臺灣擊鉢吟集校注》

〈侯楨作品集〉（著者皆侯楨）

《清福三年》、《喜上眉梢》、《自求多福》、《兩代之間》、
《時光的腳印－仍然有夢》

〈文史哲評論叢刊〉

林明理著，《湧動著一泓清泉：現代詩文評論》
落　蒂著，《靜觀詩海拍天浪》
趙迺定著，《賞析詩作評論集》（㈠㈡兩冊）
林明理著，《林明理報刊評論 1990~2000》

〈文史哲英譯叢刊〉

吳鈞譯著，《全英譯魯迅詩歌集》
林明理著、吳鈞譯著，《清兩塘》、《山居歲月》（均中英對照）
林明理著、非馬（馬為義）譯，《諦聽》

〈文史哲詩叢〉

呂建春著，《冬雷震震》
子　青著，《詩想起》、《詩雨》、《當風吹起的時候》
林明理著，《山楂樹》
William Bridge，《時空之樹》
雪　飛著，《能量雕塑的天使：在愛的路上手牽手》

藍　雲著，《日誌詩》、《海韻》、《袖珍詩抄》
中國詩歌藝術學會編，《詩藝天地》
劉小梅著，《太陽照過來的時候》、《禪拍拍我的肩膀》
趙迺定著，《森林、節能減碳與土地倫理》
方秀雲著，《以光年之速、你來》、《英雄》
台客、雪飛編，《三月采風》
潘　皓著，《夢幻小品》
葉日松著，《詩記那時風景》
卓　人著，《流年流水橋自橫》
麥　穗著，《六個十年詩集》
魯　竹著，《第八十個春天：魯竹十四行》
蔡彤緯著，《繁華夜》
哲　明著，《時光誌》
陳素瑛、李進文著，《創世紀60週年同仁詩選》
王　幻著，《綿綿瓜瓞情》
徐世澤著，《新詩韻味濃》
魯　竹著，《情報：魯竹十四行》、《猴戲：魯竹十四行》
陳福成著，《囚徒：陳福成五千五百行長詩》

金　筑著，《空茫等待》
台　客著，《歲月星語》
林錫嘉編譯，《童詩的遊戲》
陳泛宏著，《太陽的微笑》
陳秀枝著，《行踏・注目》
青　蜂著，《感動：青蜂詩選》、《瞬間：青蜂詩選》
藍　雲著，《方塊舞》（增訂版）
心　雲著，《心雲心語》

〈將軍傳記叢刊〉

黃素玲等著，《永懷那堅強豪邁的身影：黃家瑾將軍逝世十周年追思紀念文集》
鄭擎亞著，《漂泊人生記事》
劉鼎漢著，《一個軍人的歷史紀錄：劉鼎漢將軍回憶錄》
萬樂剛著，《傳作義麾下名將及著名戰役》

〈民國文學與文化系列論叢〉

張堂錡著，《民國文學中的邊緣作家群體》
李　怡著，《問題與方法：民國文學研究》

周維東著，《民國文學：文學史的「空間」向度》
王永祥著，《民初的政治文化生態與新聞學的空間場域》
李　哲著，《「罵」與《新青年》批評話語的建構》
馬　睿著，《文學理論的興起：晚清民初的一份知識檔案》
妥佳寧著，《殖民與專制之間：日據時期蒙疆政權華語民族主義文學》

〈傳記叢刊〉

陳福成著，《漸凍勇士陳宏傳》
賴義隆著，《賴義隆七十自述》
馬德五著，《人生八十才開始》
杜松柏著，《失學孤兒闖博士》
楊國生著，《八十回顧：楊國生自述》
丘孔生著，《我的父親》
潘長發著，《風雨一九四九年全紀錄》
魏大銘、黃惟峰著，《魏大銘自傳：中國無線情報創見與發展的傳奇人物》
莊吉發著，《雙溪瑣語》
莊　政著，《風雨八十年：從小兵到教授的故事》

沈繼周著，《沈繼周回憶錄》

〈藝術叢刊〉

芳香雲著，《慾望畢卡索》

蘇佩萱著，《觀者與影像的符碼：詮釋跨媒介符號意義之系列研究》

白玉錚編，《甲骨文書畫精選》

邢祖援書撰，《古文孝經》

〈書目索引〉

毛 雝主編，《中國農書目錄》

〈論叢〉

陳新雄哀思錄編委會，《陳新雄教授哀思錄》

〈叢書〉（套書）

墨 人著，《墨人博士作品全集》（60冊）

陳福成著，《陳福成著作全編》（80冊）

程石權、后希鎧等著，《墨人博士作品全集外篇(一)論墨人及其作品》

王幻、陳忠等著，《墨人博士作品全集外篇(二)十三家論墨人詩附隔海答問》

〈哲學類〉

徐術脩著，《莊子新說》、《道學探微》

陳和全著，《愛上老子：反向思維的管理與對策》

吳永達著，《太極拳十三勢揉手功》

〈宗教類〉

陳福成著，《中國神譜：中國民間宗教信仰之理論與實務》

吳友能主編，《宗教哲學與社會文化》

〈醫　藥〉

戴楚雄編著，《傷寒論科學化研究》

房拾雲著，《學點中醫真好》

廖忠俊編著，《中華養生文化及健康長壽之道》

〈教　育〉

張岳山著，《新聞編輯實務—標題之製作與比較》

《貨幣金融》（經濟財務商貿）

承　昊著，《漫步雲端的金流世界》

陳福成著，《范蠡致富研究與學習—商聖財神之實務與操作》

〈政　治〉

陳福成著，《三黨搞統一：解剖共產黨、國民黨、民進黨怎樣搞統一》

〈法律〉

李南海著，《地方自治史上重要一頁：臺灣第一屆縣市長選舉》

〈中國歷史〉

彭建方編著，《中華民族紀元年表》、《千秋人物》（上、下冊）

〈文化史〉

陳維編著，《桃園西門町風華：博愛老街文史紀錄》

〈史料〉

莊吉發譯注，《清代準噶爾史料初編》（再版）

莊吉發譯注，《尼山薩蠻傳》（增訂再版、附簡體字）

莊吉發校注著，《《鳥譜》滿文圖說校注》（全套六冊）

莊吉發校注，《滿漢異域錄校注》

莊吉發編譯，《康熙滿文嘉言錄：都俞吁咈》、《滿漢對譯文選》

莊吉發校注，《清語老乞大譯注》、《佛門孝經：地藏菩薩本願經滿文譯本校注》

莊吉發校注，《創製與新傳：新疆察布查爾錫伯族與滿洲語文的傳承：以錫伯文教材為中心》

莊吉發譯著，《《西廂記》滿文譯本研究》

莊吉發校注，《錫伯族西遷與滿洲語文的傳承：以《錫漢會話》為中心》

袁冀編撰，《文淵閣四庫全書元人別集補遺續》

潘長發著，《抗戰勝利臺灣光復七十週年紀念專輯》

〈中國地理〉

王會均著，《海南方志探究》（上、下冊）
王會均著，《海南文化人》、《白玉禪：學貫百家書畫雙絕》
王會均著，《海南建置沿革史》、《南海諸島史料綜錄》
王會均著，《海瑞：明廉吏海青天》

〈韓國史地〉

鄭麟趾等纂修，《高麗史》（再版）

〈傳記〉

莊　政著，《孫文行誼考述》
萬樂剛著，《傳作義麾下名將及著名戰役》
呂寶霖著，《呂寶霖自傳》
彭建方編纂，《彭氏世系脈流》
台　客編著，《回首千山外：詩人作家創作回憶錄》

〈語言文法〉

張仁青編著，《最新公文程式大全》（甲種本抽印）
哈勘楚倫編著，《蒙文入門》

陳福成著，《英文單字研究：英文單字終極記憶法》

王會均纂，《同文合體字字典》、《同文合體字探究》

曹　煒著，《簡明現代漢語教程》、《簡明修辭學教程》

朱培庚編撰，《碎玉藏遨你賞》

黃季剛著，《黃侃論學雜著》

〈文字．聲韻．訓詁〉

胡自逢著，《金文釋例》

〈文學總論〉

王鵬凱著，《中國文學欣賞舉隅》

陽國生著，《松風室文存》

〈文學批評〉

羅　門著，《我的詩國》（附彩圖929頁）

張雙英著，《現當代西洋文學批評綜述》

〈詩〉

王家文著，《晚吟樓詩集》

王萬芳著、王起孫整理，《南泉詩鈔》

劉　迅著，《劉迅詩選：如歌的行板》（中英對照，Selected Poems）

《詩藝叢刊》

宋曉傑、娜仁琪、李典著，《草色・番茄・雪》
王單單、慕白著，《在江邊喝酒》
韋樹定、劉能英著，《行行重行行》
劉立雲著，《眼睛裡有毒》
藍　野著，《故鄉與星空》
唐　立著，《虛幻的王國》

《詞》

汪　中著，《清詞金荃》

《騷賦駢散》

馬方耀著，《駢文心影》
潘重規校著，《錢謙益投筆集校本》

《書畫》

甘美華著，《甘美華小品集》
康有為著，《康南海先生遺墨》
佘城編著，《中國歷代畫家存世作品總覽》一—六冊

刑祖援書撰，《古文孝經》

〈篆　刻〉

樹　臣輯，《金本印集林》

〈法帖拓本〉

白玉錚著，《說硯》

裴尚苑著，《裴尚苑書法集》

世紀雜誌社主編，《詩人，論家的一天》

肆、將於二〇一八年中出版的《華文現代詩》點將錄

陳福成著，《鄭雅文現代詩之佛法衍繹》

陳福成著，《莫渝現代詩賞析》

陳福成著，《現代田園詩人許其正作品研析》

陳福成著，《林錫嘉現代詩賞析》

陳福成著，《曾美霞現代詩研析》

陳福成著，《陳寧貴現代詩研究—全才詩人的詩情逝蹤》

陳福成著，《劉正偉現代詩賞析—情詩王子的愛戀世界》

陳福成編著，《陳福成著作述評—他的寫作與人生》

陳福成著，《舉起文化使命的火把—彭正雄出版及交流一甲子》

伍、其他（未註出版年代、未掛出版社名、經銷外版及其他）

少數書籍出版年代不詳，如目錄〈法帖拓本〉，劉元祥寫作的〈商用字彙開本〉八種等。而未掛「文史哲出版社」之名則較為複雜，約有以下幾種原因。

㈠早期（民國60、70年代），碩博士論文或升等論文，並未正式出版（可在市場流通），僅作者印數十本使用，基本上只是彭正雄居於文化傳承使命助印，此類未出版的「出版品」數量頗多。

㈡特別原因不掛出版社名，如作者自賣、敏感議題（可能引起出版社困擾，不掛出版社名，風險由作者自行承擔）；以及不確定原因等。這部份出版品為數亦不少。

另有〈經銷圖書〉、〈外版書籍〉等，雖非文史哲出版社所發行，但經銷別家產品也是擴張業務辦法之一。

註　釋

① 封德屏主編，《臺灣人文出版社30家》（台北：文訊雜誌社，二〇〇八年十二月）。

② 彭正雄，《圖說中國書籍演進小史》（台北：文史哲出版社，二〇一八年三月）

③ 龔鵬程，《四十自述》（台北：金楓出版有限公司，一九九六年九月），頁二〇三。

第九章 爲文壇大師做三件事

——彭正雄與無名氏、馮馮和紀弦

彭正雄與筆者茶酒閒聊時，聊到他為文壇大師（無名氏、馮馮、紀弦），做過三件事的故事，記憶如新更深刻的感受到他的俠情人生。研究他一輩子的行事風格，不光是對「大師」如是，對待每一個和他有往來緣分的人，他總是主動創造「助你一臂之力」的機會。

文史哲出版社走到第五個十年，有各行各業的大師在他的出版社出版自己的經典。如研究唐宋八大家的大師王更生、滿文研究大師莊吉發、海南方志大師王會均、大學者曾虛白、研究倭寇的大師鄭樑生、文學評論大家方祖燊、偉大的詩人羅門。（註①）其他如墨人、朱浤源、張仁青、蔡宗陽、陳飛龍、喬衍琯、杜十三、王祿松、龔鵬程、文曉村、古遠清、古繼堂、蕭蕭、蓉子、雁翼等，在他們的領域裡，也都有了大師的水平。半個世紀來，和彭正雄有些因緣的大師，真不知道有多少！但最特別的因緣是彭正雄提到這三位文壇大師。

壹、彭正雄與無名氏

無名氏（卜寧）亦筆者崇拜的大師級作家，早在筆者初中時代，也愛讀他的《北極風情畫》和《塔裏的女人》，不知迷死了多少年輕學子。在半個多世紀前，這兩本書風迷全台，應該是很多現在已是「老人家」的共同記憶，包括彭正雄和筆者，只是彭正雄和無名氏有甚深因緣，深到包辦他的「養老送終」。後來無名氏骨灰放到高雄大樹佛光山寺，彭公仍專程南下祭拜，有一年他因事不克南下，筆者正要到佛光山參加「佛學營」，他請筆者一行代表他去給無名氏上香。

彭正雄和無名氏的因緣，可謂「貫通生死兩界」，為何他們有如是甚深因緣？彭正雄在〈懷念熱忱待人與堅持創作的無名氏〉一文，有詳細說明。（註②）本文略為一述。

一九九七年六月，彭正雄經由也是作家王志濂的介紹而認識無名氏，基於對自己年輕就敬仰的大作家，從一九九八年起，文史哲出版社重刊無名氏舊作《抒情煙雲》上下冊、《北極風情畫》、《塔裏的女人》等名著，往後數年又印行無名氏十多本著作。

他們實際的因緣是從出版事宜開始深化的，二人越來越投契。平時彭敬稱他「卜老」，他則稱彭先生叫「彭兄」，卜老視彭為忘年知己，為「黃昏五友」之一。卜老的黃昏五友是：王志濂（筆名瘦雲王牌）、徐世澤、薛兆庚、宋北超和彭正雄。這五人時常在醫療、生活上關心和照料卜老，這實在是百年難有的六人因緣。

卜老常到彭府走動，那時電視劇《人間四月天》正風行，卜老說想看，彭公便去買回二十卷《人劇》錄影帶，就在彭家觀賞和用餐，晚餐後彭送卜老上計程車回木柵住所，彭公還暗中抄下計程車號，直到卜老安全到家。

彭公也常到卜老的木柵住處小聚，聊天或談書稿事。卜老獨居台北，親人遠離，生活清苦，三餐極簡，彭公常帶些魚肉給他補充營養。幸好卜老創作精神旺盛，在清苦日子中，彭公看到他不凡的一面。

一九九八年中天出版社重刊卜老《花的恐怖》一書，一九九九年美國葉憲先生主持的天馬圖書公司，刊行《花》書的英文版，百老匯歌劇巨星王洛勇特別推崇這本書。王洛勇在百老匯主演《西貢小姐》歌劇，同一齣戲連演四年，共演出一千多場，卜老

彭正雄與無名氏交誼甚篤，包辦其後事與追思會。圖為尉天驄在「作家無名氏先生文學作品追思紀念會」上，主講無名氏生平事略。

很希望臺灣藝文界能目睹這樣的巨星風采。卜老請彭正雄設法申辦邀請事宜，彭公終於也辦成了！

一九九八年八月十七日，王洛勇先生和葉憲先生來台訪問，期間拜會新聞局、臺灣新生報、聯合報、中國文藝協會等。另在台大校友會館舉行記者會，在耕莘文教院示範演唱和演講。王洛勇在台行程，卜老都全程陪同，直到最後一晚他身體負荷不了，才由王志濂、言言（臺灣新生報編輯）小姐和彭正雄陪同遊賞台北夜景。王洛勇離台時，卜老仍堅持親自送到機場。

二〇〇〇年，黃昏五友中的王志濂、徐世澤和彭正雄三人，陪同卜老到大陸自由旅行，六月十日起程，十天足跡遍及上海、杭州、蘇州、漢口等地，時卜老已八十三高齡，仍善盡地主之誼，在他住過的蘇杭當嚮導。

卜老晚年仍努力創作，但他驟然離世，

1998 年，彭正雄(右一)與無名氏(右二)邀約美國百老匯《西貢小姐》歌劇演員王洛勇(右三)來台訪問，參觀聯合報副刊，左起王牌、蘇偉貞、陳義芝、楊錦郁、葉憲、田新彬。

跟他在二〇〇四年上半年過度寫作有關。原來卜老應南京電視台之邀，改寫《塔裡的女人》為廿集電視連續劇，在完成十五集劇本正準備簽約之際，他突然病倒了！

卜老生前很關心他的三本著作，二〇〇四年十月間，他常和彭正雄討論《無名書》、《野獸．野獸．野獸》與《開花在星雲以外》修訂稿。彭正雄回憶，十月二日中午，卜老還在和政大中文系教授尉天驄餐敘，並討論由彭正雄向台北市文化局申辦「無名氏文學作品研討會」事宜。晚間七時，卜老寫好《野獸．野獸．野獸》和《開花在星雲以外》二書的封底介紹文，傳真到彭的出版社，文中卜老親筆寫著：「中國五四新文學運動一體系，目前碩果僅存的兩個名小說家，一個大陸巴金，一個是臺灣無名氏。巴金纏綿病床多年，無名氏雖以八十五歲高齡仍在寫作……」顯示卜老對創作的堅持。

二〇〇〇年，黃昏五友中的王志濂、徐世澤和彭正雄三人，陪同卜老到大陸自助旅行，攝於上海丁香公園（清李鴻章金屋藏嬌公館之地，現在還保存，走進門口先見龍尾，後見龍頭，清朝時膽大也應有些避諱訝！）

不料五個小時後，十月三日凌晨一時傳出卜老吐血，送進了榮民總醫院急診加護病房，「黃昏五友」（徐世澤、宋北超、王牌、薛兆庚、彭正雄）每天輪流來探望卜老。他因食道靜脈破裂，病情嚴重，延至十月十一日零時六分，卜老終於結束這一世的人生。

卜老的告別式由彭正雄包辦，讓他走的風風光光，逝世兩周年又在國軍英雄館辦了追思會，好友一百五十位參加，會後餐敘十二桌。他的靈骨灰也由彭公親自送到高雄佛光山寺萬壽園，他住在西五樓86號靈位。往後的幾年，彭正雄多次前往祭拜老友，筆者亦代彭公親往祭拜一次。有這樣的好友照料他，卜老應含笑於西方極樂世界了。

卜老走後，彭正雄原來申辦的「無名氏文學作品研討會」，於二〇〇二年十一月九日，如期在台北市長官邸藝文沙龍舉行。（註③）卜老最關心的《無名氏全集》，由於版權問題，並未出齊，已出版者也不是同一家出版社，其《全集》部份如下：

文史哲出版社

第一卷：《北極風情畫》、《塔裡的女人》。

第二卷：《野獸．野獸．野獸》（無名書定稿第一卷）。

第四卷：《海艷》（無名書定稿第二卷）。

第五卷：《死的巖層》（無名書定稿第四卷）。

第六卷：《開花在星雲以外》（無名書定稿第五卷）。

第七卷：《創世紀大菩提》（無名書定稿第六卷）。

第十一卷：《抒情煙雲》

另外有九歌出版社出版第三卷「無名書定稿」《金色的蛇夜》二冊；中天出版社出版第九卷《花的恐怖》，分成《花與化石》、《一根鉛絲火鈎》，第十二卷《在生命的光環上跳舞》、《宇宙投影》。尚未出版者有第八、十、十三至二十卷，有待未來文化界的努力了。

卜寧、彭正雄同邀「百老匯巨星」王洛勇來台表演及座談會於耕莘文教院。右起王洛勇、卜寧（無名氏）、彭正雄。

2000年5月卜寧(無名氏的本名)先生的「黃昏五友」之三位共進午餐論談6月上旬赴上海蘇杭自助旅行事宜後，在客廳合影。左起：彭正雄、卜寧、徐世澤先生。

「轟動武林、驚動三教」的王洛勇，有戴凡著，《王洛勇：征服百老匯的中國小子》一書，由文史哲出版社出版。（註④）這本書以「星條旗下的中國人」示世，散發淡淡的「悲情」，現在中國人的世紀到了，全球各地的中國人散發著淡淡的「驕傲」，感覺地球真是圓的！

王洛勇在美國百老匯主演《西貢小姐》歌劇同一齣戲連演四年，共演出一千多場 — 海報。

2000年元旦無名氏83歲生日，「黃昏五友」為之祝嘏。

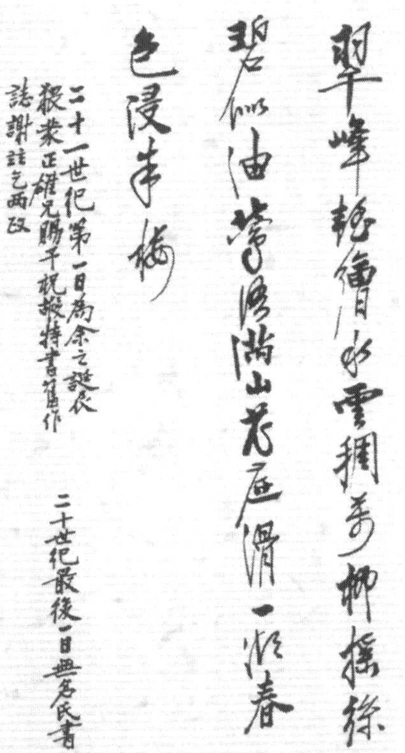

無名氏1999年書於台北木柵

《王洛勇征服百老匯的中國小子》
文史哲出版社 出版

貳、彭正雄與馮馮

讀文史哲出版社所出版馮馮回憶錄，《霧航：媽媽不要哭》上中下三巨冊，至少一百萬字以上，不為之傷痛之人，恐是個無情之物。（註⑤）那真是悲劇中之悲劇，人間不幸中之大不幸，在這邪惡環境中，依然散發人性的光輝，展現文學、藝術的真善美！

《霧航》三巨冊是馮馮的最後遺著，若無彭正雄的承擔（政治風險和經費承擔），是難以問世的。徐開塵先生在〈只取這一瓢飲：文史哲出版社〉一文提到，曾被誤認為匪諜而遭監禁的五〇年代重要作家馮馮，苦於巨著《霧航》全三冊寫到政治問題，沒有人願意出版，請託唐潤鈿接洽，由賴碧玉將書稿交給彭正雄過目。彭以身為「二二八受難家屬」的同理心（下章詳述），承諾出版。（註⑥）由此也見彭正雄這個人的勇氣與不凡之處，不論為助人滿人所願，或為擎起文化傳承之大旗，他願意承擔多數人不願承擔的風險。

馮馮是何許人也！他本名馮培德，字士雄，筆名馮馮，英文名 **Peter Faun**，一九三五年生於廣州，父不詳，母張鳳儀。（註：所謂「父不詳」，不完全確定，須好好讀《霧航》一書，當可較為明白）他於二〇〇七年四月十八日，因胰臟癌逝世。

馮馮的一生極為傳奇，乃至洪荒之離奇。他曾於五十年代崛起文壇，是最傑出的青年作家，著作甚豐（得獎著作《微曦》四部曲，是一勵志文學之鉅著），作品富浪漫色彩。

曾經是影視、文壇上驚鴻一瞥的、光芒閃耀、最英俊而氣質瀟洒的明日之星；是萬千少女眼中的白馬王子，但也是很多人士的眼中釘。

馮居士一生坎坷，歷經滄桑、戰亂與白色恐怖，他集難童、失學青年、海軍學生、軍官、總統譯員、匪諜、囚徒、流浪漢、乞丐、苦力、勞工、豬奴、車伕、擦鞋童、名作家、大學教授、作曲家、文學獎得主、首屆十大傑出青年之首、淪落天涯的亡命之徒，各種名分於一身。曾是精神病與雙重人格的憂鬱症患者、以及社會底層的邊緣人，或謂匿跡於冰雪之國的隱士！

他，是自修古典作曲家，以印象派創作芭蕾舞曲，世界首度公演於莫斯科，被譽為二十世紀最後的天才作曲家，榮獲博士學位與美國榮譽公民，美、俄報刊均稱他為「謎樣身世之音樂奇才」。

他浪漫傳奇的一生，叛逆性的愛情，神秘的謎樣身世。一生有血、有淚、有愛、有忠、有孝、有榮譽與凌辱，但始終抱持無怨無悔之心，免費義診，以愛心散播社會。

馮馮的後事，因無家人子嗣，二〇〇七年五月九日上午十點，彭正雄和慈濟共同在和平東路師大禮居慈濟道場舉行追思告別式。到場有王金平、如本法師等百餘人。當日下午二點火化後，彭正雄親撿靈骨灰舍利花入銅甕。

次日（五月十日）上午，彭正雄與十二位三寶弟子護送靈骨灰，中午十二時四十分抵達台南關廟。午後一時，由如本法師主持入塔儀式，十位師父在法界寶塔奉安助念。馮馮的新家：台南縣龍崎鄉關廟中坑村內潭子18號，法王講堂之法界寶塔，位置在一樓第35區、第二層、第33號。以馮馮對佛法的修行，對人世功德業力造成的善業，他現在應已永住西方極樂佛國，不會再輪迴為人，也就是已從六道解脫，不可能再來人間。

彭正雄為馮馮向海軍司令部申訴平反，均未獲成功。原計劃設立「馮馮基金會」，也因各種法律要件難以俱備，而無法設立。已在西方佛國修行的馮馮，對這些人間事諒也早已不在意了。

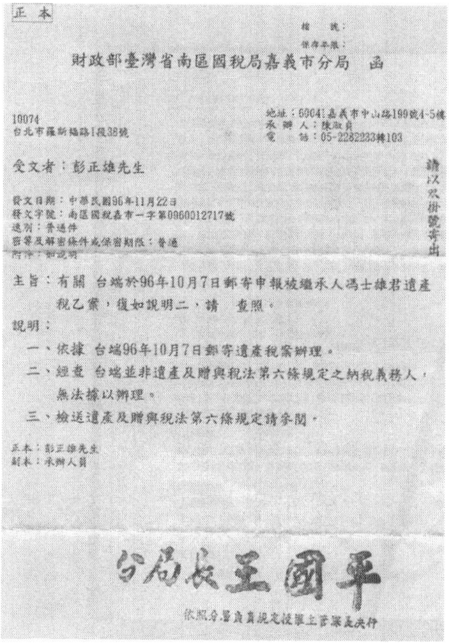
正本

財政部臺灣省南區國稅局嘉義市分局 函

10074
台北市羅斯福路1段38號

地址：60041嘉義市中山路199號4-5樓
承辦人：陳淑貞
電話：05-2282233轉103

受文者：彭正雄先生

請以双掛號寄出

發文日期：中華民國96年11月22日
發文字號：南區國稅嘉市一字第0960012717號
速別：普通件
密等及解密條件或保密期限：普通
附件：如說明

主旨：有關 台端於96年10月7日郵寄申報被繼承人馮士雄君遺產稅乙案，復如說明二，請 查照。

說明：

一、依據 台端96年10月7日郵寄遺產稅案辦理。

二、經查 台端並非遺產及贈與稅法第六條規定之納稅義務人，無法據以辦理。

三、檢送遺產及贈與稅法第六條規定請參閱。

正本：彭正雄先生
副本：承辦人員

分局長 王國平

依照分層負責規定授權主管業務主管決行

馮馮居士追思音樂會

時　間：2007 年 5 月 9 日（星期三）上午 10：30～11：30

地　點：台北市和平東路 115 號 B1　　慈濟師大禮居共修處

流　程：

時間	長度	流程	說明	人員	音樂視訊	燈光	備註
5月4日 16：30-8：00		甄選照片確認流程,音樂		彭正雄,丁安民,邱悅香,沈妙娟,李憶慧	大安人文真善美支援做powerpoint後交給陳世仁		保管照片與CD
5月8日 15：00-18：00		佈置	預備燈花	李佳穎,曾美清,然之	人文真善美		先向分會黃雅玲拿鑰匙
18：00-19：30		音控架設與測試,燈控測試,簽到處準備	單槍投影銀幕,簽到簿,文具,結緣書	陳世仁,黃雅玲,鄭芬蕙,王文茜,李憶慧,彭正雄			CD交黃雅玲,Powerpoint交陳世仁
5月9日 9：00-9：40	40'	獻燈,花人員彩排；內外場引導師姊,場控師兄師姊	依照流程	主持人：靳秀麗；場燈控及內場：鄭芬蕙等六位；簽名處及外場：王文茜等四位；捧燈：彭正雄,丁安民及四位師兄,；捧花：邱悅香,沈妙娟及四位師姐；彩排：李憶慧	音控人員收集所有powerpoint&CD配合彩排；人文真善美	燈控人員配合彩排	
10：00-10：30	30'	來賓入場	簽到送書《霧航》引導入座		音樂：居士照片壹張,呈現在電視上	全亮	10：25獻燈花人員準備
10：30-10：35	5"	獻燈花	由中間走道前進到佛桌前,分兩邊出場		音樂：	小燈	
10：35-10：40	5"	主持人開場	簡介追思音樂會因緣	靳秀麗		全亮	提供資料給主持人
10：40-10：50	10"	馮馮居士生平簡介				全亮	簡介完下主螢幕
10：50-11：10	20"	追憶居士風采	照片分享		背景音樂：	半亮	
11：10-11：15	5"	因緣		靜曜師姊	背景音樂：	全亮	
11：15-11：25	10"	遺屬宣讀與感恩			背景音樂：	全亮	
11：25-		致敬與祝福			音樂：	全亮	內場外場師姊就位

1.彩排準備：捧花 6 個、蠟燭 6 個、點火器 2 支（佳穎、美清）
2.簽到處（簽字筆 4 支、簽名布 1 塊、登記簿 2 本）（邱月香、王文茜）
3.燈光及音控（陳世仁、黃雅玲）
4.攝影：慈濟師兄
5.拍照：慈濟師兄
6.NB,DVD PLAY,單槍、螢幕（陳世仁、黃雅玲）
7.接待引導：慈濟師姊 ,彭正雄、丁安民、邱月香、沈妙娟
8.照片文字製作和播放（慈濟）
9.佈置花藝（佳穎美清）
10.麥克風三支：主持人一支立式麥克風主持桌，二支無線麥克風

參、彭正雄與紀弦

臺灣詩界乃至兩岸詩壇，對於大名鼎鼎的紀弦，可謂是無人不知的，原因他是「臺灣現代詩壇三老」之一，另二老是鍾鼎文和覃子豪。現在三老早已移民佛國，但他們的詩名仍在人間，照理說這樣「天王級」的詩人，他的作品上市必是「台北紙貴」吧！其實不然，這是一個複雜的問題，分析下去會死一堆細胞。

無名氏在一篇文章〈臺灣出版界奇人俠士：記不平凡的臺灣人彭正雄〉提到，有一年紀弦從美國來台，帶來一本雜文集《千金之旅》，有二十多萬字，想出版卻沒有出版社願意出。最後找到彭正雄，彭一口答應，明知此書出版一定賠錢，但念及紀弦是臺灣現代詩播種和點火人，出版他的書至少提供他的史料，未來文學史家研究者可以減少一些困難。（註⑦）有一位叫紅袖藏雲的作家，在〈前進復前進—悠悠涉長道的彭正雄〉一文，紀弦九十二歲中風時，彭正雄幫他出版詩集《年方九十》，先以數位印刷二十本用航空寄給他。他收到時看到凌晨，看完精神好了大半。（註⑧）說到《年方九十》詩集，彭正雄有動人的故事可說，他津津樂道這詩集中的一首詩：

〈廣場上的八棵大樹〉。（註⑨）　　　紀　弦

廣場上的八棵大樹，
既是我的朋友，

而也是我的讀者。

每當我在此行吟，推敲，
佳句偶得，非常高興，
他們就一同喝采，說硬是要得。
我想：如果沒有一家出版社
願意印我的新書，
我就把我的詩一首一首地
朗誦給他們聽聽好了。

我實在不知道
他們是否屬於松柏科的，
因我並非植物學家。
但我真的很愛他們——
每一棵我都曾使勁地擁抱過，
並用小刀刻我的名字在樹幹上，
有時我躲在他們後面違警，
他們也不會生我的氣。

二月十九日完成

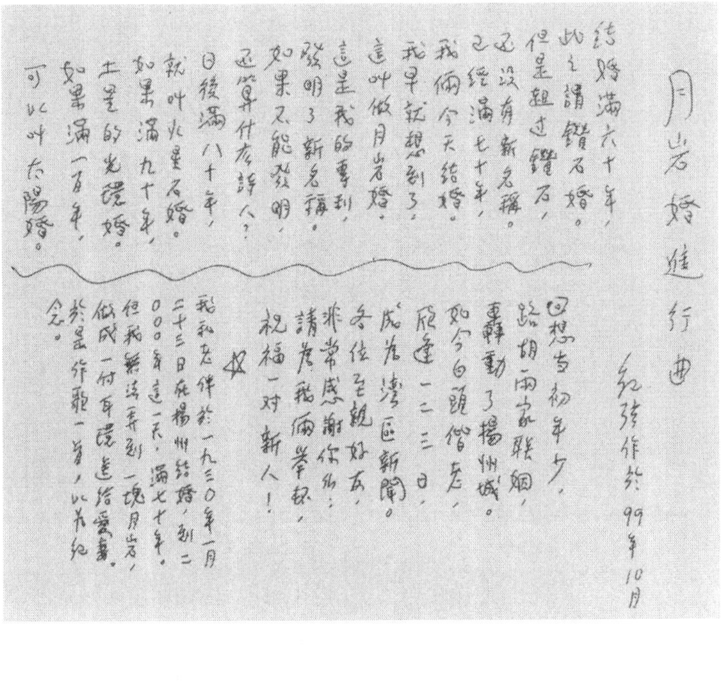

月岩婚進行曲

紀弦作於99年10月

結婚滿六十年，
此之謂鑽石婚。
但是超過鑽石，
還沒有新名稱。
已經滿七十年，
我倆今天結婚。
我早就想到了，
這叫做月岩婚。
這是我的專利，
發明了新名稱。
如果不能發明，
還算什麼詩人？
日後滿八十年，
就叫火星石婚。
如果滿九十年，
土星的光環婚。
如果滿一百年，
可以叫太陽婚。

回想當初年少，
路胡兩家聯姻，
轟動了揚州城。
如今白頭偕老，
欣逢一二三日，
成為灣區新聞。
各位至親好友，
非常感謝你們；
請為我倆舉杯，
祝福一對新人！

注

我和老伴於一九三〇年一月二十三日在揚州結婚，到二〇〇〇年這一天，滿七十年。但我無法弄到一塊月岩，做成一付耳環送給愛妻。於是作歌一首，以為紀念。

〈月岩婚進行曲〉紀弦手稿

這是紀弦二〇〇五年二月完成的作品，詩外之意，感嘆自己也曾是詩壇「天王」，卻找不到一家出版社願意為他出書，寫這些詩何用？還不如念給他住所旁的八棵樹聽，這是一種反諷。詩外之意，贊嘆幸好有彭正雄願意為他出版詩集。

寫完這首詩的那年九月，紀老中風了。手術後孝順的女兒珊珊接二老回家照顧。有一天，紀老忽然問起《年方九十》的詩稿，並告知那是準備要出版的作品，珊珊和兄長路學恂才趕緊翻箱倒櫃找《年方九十》書稿！從紀弦往來信件得知，早在二〇〇一年到二〇〇三年間，已把寫的詩作寄給大陸一位親戚要出版。只是到二〇〇六年，都尚未有出版訊息。

珊珊兄妹於是授權彭正雄洽談出版事宜，在電話中，彭很爽快的說：「紀老是文壇國寶，我當然願意出他的詩集，這是我的榮幸啊……他的散文集《千金之旅》也是我文史哲出版……」

臺灣詩壇的鼻祖、詩壇長青樹紀弦，九十歲以後的詩作就這樣在文史哲彭發行人的豪氣中，出版了……難怪紀弦在他的散文集《終南山下》，說紀弦是「天才中的天才」、「奇蹟中的奇蹟」，而彭發行人則是幫助世人看到奇蹟的推手啊！

彭正雄還關心紀弦的病，紀弦的好友吳慶學從台北要去美國，臨行前打電話給彭發行人。彭說：「我有西藏良藥，對中風患者特別有效，用寄的不妥當，明天我送到機場，請你轉交給紀老。」

羅門伉儷結婚五十八周年

彭正雄為文壇大師做的不止三件事，是數不清（不分大師非大師）的事。二〇一三年大詩人羅門伉儷結婚五十八周年，彭正雄特別製作《我的詩國》為紀念賀禮。該「大書」（特大本A3，高43.3公分，寬31.6公分，綢布精裝彩色印刷），可能是全球發行量最少的正式出版品，只發行三套（（上、下冊）），一套送羅門伉儷，一套彭公自行保存。

第三套於當年四月十八到二十三日，彭正雄到海南省參加「第二十三屆全國圖書交易博覽會」機會，四月二十日送到羅門家鄉「海南省燈屋藝術館」典藏。做這些事的「價值」何在？只能說不思議！不思議！

早在一九九五年四月十四日，祝賀羅門與蓉子結婚四十周年，出版蓉子《永遠的青鳥》（蓉子詩作評論集）、《千曲之聲》（蓉子詩作精選集）兩本及羅門的《羅門創作大系》十本一套；在辛亥路青年活動中心（前台大校園復興南路口，現已不存在）舉行新書發表會，由大詩人余光中教授主持開場白：「請蓉子女士講演二十分鐘，羅門先生十分鐘」，羅門立刻抗議說：「蓉子出二本講二十分鐘，我出十本應該講兩小時」，余教授故意刺激他說：「羅門你只出版一套而蓉子出版兩本呀！」全場與會文友聽了哈哈大笑！

註釋

① 當代臺灣地區眾多詩人中，在國際上（或任何公共場合），被公開贊揚「偉大」的只有羅門。一九六九年（民國五十八年），羅門和蓉子為「中國五人代表」成員，出席在菲律賓馬尼拉召開的「第一屆世界詩人大會」。大會主席尤遜（Dr. Yuzon）在大會典禮上，讚美羅門〈麥堅利堡〉（FORT MCKINLEY）一詩，「是近代的偉大作品，已榮獲菲總統金牌詩獎。」詳見：羅門編著，《《麥堅利堡》特輯》（卷七）（台北：文史哲出版社，民國八十四年四月十四日），〈第二部份〉。

② 彭正雄，〈懷念熱忱待人與堅持創作的無名氏〉，文史哲編委會編，《無名氏的文學作品探索與紀懷》（台北：文史哲出版社，二〇〇四年十月十一日），頁三三九—三

四六。

③ 同註②書，見〈無名氏文學作品研討會〉各節。

④ 戴　凡著，《王洛勇：征服百老匯的中國小子》（台北：文史哲出版社，民國八十七年八月）。

⑤ 馮　馮，《霧航：媽媽不要哭》（上中下三冊）（台北：文史哲出版社，二〇〇三年十一月）。

⑥ 徐開塵，〈只取這一瓢飲：文史哲出版社〉，封德屏主編，《臺灣人文出版社30家》（台北：文訊雜誌社，二〇〇八年十二月），頁二八七—三〇〇。

⑦ 無名氏（卜乃夫），〈臺灣出版界的奇人俠士—記不平凡的臺灣人彭正雄〉，《青年日報》，二〇〇一年八月二十八、二十九日兩天連載。

⑧ 紅袖藏雲，〈前進復前進—悠悠涉長道的彭正雄〉，《有荷》文學雜誌，第二十二期（二〇一六年十二月二十日），頁三九—四一。

⑨ 紀　弦，《年方九十》（台北：文史哲出版社，二〇〇八年六月），頁二三四—二三五。

第十章　一位「二二八」受難家屬的持平心聲

歷史總是讓人出乎意料之外，隨時給每一個人出「狀況」，考驗大家的處理智慧，當然時代的大潮衝過來，逃避不及的人就是災難臨頭。例如，當年日本佔領臺灣並殖民五十年、國共內戰至一九四九年大潰敗，製造了多少災難？多少人命被無情奪走？多少人的夢想成了幻夢泡影？高官財閥或許有走在風險之前的能力，廣大的人民群眾大概只有在歷史大潮裡沈浮求生了！

話說七十年前，一九四七年（民國三十六年）二月，臺灣脫離日本殖民不久，而整個中國大陸並未因抗戰勝利而獲得和平建設的機會，反而陷入內戰。在這種情境下的臺灣，內部有很多勢力在相互較勁，都想取得全島的政治掌控大權，代表中共勢力的是謝雪紅，她領導著一支強大的「地下武力」，險些在「二二八」後不久建立「台中政權」，早期大陸曾宣稱謝雪紅策動「二二八」事件。（註①）各項研究資料也顯示，美國和日本也乘機煽動，企圖製造更大內亂，從中取利，衡諸客觀環境和內部因素，「二二八」事件的爆發，似乎就是歷史的必然。

「二二八」事件爆發了，彭父春福公蒙冤被羈押在臺灣省訓團（今圓山飯店下交流道空地、前有建築物）。在那兵荒馬亂的年代，彭父少不了吃苦頭，雙腳幾成殘廢，這年小彭正雄九歲，小小的年紀他不知道這世界發生了什麼事？只覺得這世界也太無常了。

幸好！彭父被關了七個月零十二天，小老百姓在這動亂的年代能保住一條小命，已算老天保佑，祖宗有靈。獲釋後的彭父回到正常生活和工作，他修理腳踏車技術高明。從此以後，歲月在平淡中走過，小彭正雄漸漸長大，開創自己不凡的人生……

半個多世紀來，如今……彭正雄有了各種響亮的名號，出版家、文化出版者、榮民、教授、砲戰英雄、行善布施者。還有一項天上掉下來的「二二八受難者家屬」，在臺灣被政治黑手「操弄」半個世紀的事件，近二十年來筆者所看到，幾乎所有「二二八受難」當事人或後裔，都有如下的心態：

這是天上掉下來的機會！百年難有的機遇！

這是談判取利的機會！隨時可用的提款卡！

這是造反有理的合法途徑！支持革命的理由！

這是可以綁架全臺灣的繩子！可騙取選票的「產品」！

這是可以謀取政治利益或換得烏紗帽的「歷史財產」！

最要緊的，這筆「無量財產」，想要的就來提取！

難道筆者說錯了嗎？史官之筆忠於事實，讀者客官靜心思考觀察，目前臺灣人民對「二二八」的心態，對「二二八」的操作「使用」，就只有上述「功能」。所謂「真相、正義」，全是騙死人不償命！

在這普遍性的邪惡和變質中，依然有例外，依然有散發人性光輝者，他是我所見的唯一，彭正雄。這位也是「二二八受難者家屬」，真是個「異類」，他的看法、想法，與所有「二二八受難者家屬」完全不一樣，到底彭正雄的視野、心胸和史觀如何？

壹、〈一位「二二八」受難家屬的心聲〉（註②）

彭正雄在《海峽評論》和《黃埔四海同心會會刊》獲取發表這篇文章，最後再上呈總統。這篇文章可以清楚知道彭正雄以一個「二二八受難者家屬」的身份，持著何種「心聲」，本文據以簡介。

㈠土改政策得罪大地主：

國民黨政府透過土地重分配，掌握當時人口結構中佔最多的佃農，穩定其執政的正當性。但土地改革使佃農受益，卻得罪了本土大地主。民國三十八年臺灣中南部農民階為佃農佔大部分，實施公地放領、耕者有其田，國民黨政策，受益者為佃農。農民有了耕種土地，帶著財富近五十個年頭，民富才有尊嚴。佃農有了土地，忘了當時窮困生活，受益從那一個執政獲得呢！忘了吃水果拜樹頭！

封閉土地投資之門，將地主傳統的觀念與習慣，改投工商業發展。使當時的大小地主放棄以土地為營生手法，而將資金注入工商業。徵收的地價，三成補償公營事業股票（水泥、紙業、農林、工礦四公司以及之後的三商銀），七成撥發實物土地債券給地主。而土地改革政策得罪了部分大地主。

㈡國民黨帶來黃金

國民黨帶來黃金是一件「歷史事實」，很多人假裝忘記，彭正雄永遠銘記在心，飲水思源，他還深入史料，挖出證據給大家看。

⑴發行金圓券：

民國36年發行金圓，其兌換率二百元金圓券兌黃金一市兩，四元金圓券兌一美元，二元金圓券兌一銀元，為擁護政府，百姓排隊兌換。又因軍需，沒那麼多黃金做準備金，大量發行金元券，致通貨膨脹，國府失去民心。

⑵國庫庫存金：國庫庫存金之運輸黃金白銀的船隻或飛機運台數字至今未詳。據民國37年12月31日俞鴻鈞曾經向蔣介石報告：已攜運黃金2,004459市兩，銀幣1000箱合美金400萬元。尚有空運來臺黃金未記載，前中央信託局副局長賀肇笏先生（臺灣民族晚報創辦人）押五架飛機運黃金準備來臺，在香港啟德機場待命，一星期之中一架飛美國（由文友賀志堅肇公侄子告知；又從美國運回臺灣約38萬兩，

據吳興鏞先生著〈黃金檔案〉記載，是否飛美那一架。），四架飛台北，不知載黃金多少。還有其他運輸，其數尚不知多少。

(3) **發行「新臺幣」**：新臺幣發行準備監理委員會第××次檢查公告

第1次於民國38年8月5日公告以黃金28萬兩準備金，發行新臺幣7800萬元。
第2次於民國38年9月5日公告以黃金33.6萬兩準備金，發行新臺幣9400萬元。
第3次於民國38年10月5日公告以黃金40萬兩準備金，發行新臺幣1億1243萬元。
第4次於民國38年11月5日公告以黃金43.4萬兩準備金，發行新臺幣1億2176萬元。
第5次於民國38年12月5日公告以黃金51.5萬兩準備金，發行新臺幣1億4412萬元。
第9次於民國39年4月5日公告以黃金68萬兩準備金，發行新臺幣1億9041萬元。
第138次於民國50年1月5日公告以黃金4,949,269.99公克準備金，發行新台幣2億元。

發行新臺幣138次後已取信於國際，是最後一次公告。

38年臺灣通貨膨脹不亞於上海，吃一碗麵要舊台幣二萬元，因有民國36年上海發行金圓券通貨膨脹前車之鑑，國民政府來臺，帶來的黃金是逐月加碼發行新臺幣，民國39年至49年十一年間，所發行新臺幣一直維持是二億元，不致於通膨。政府也穩定了經

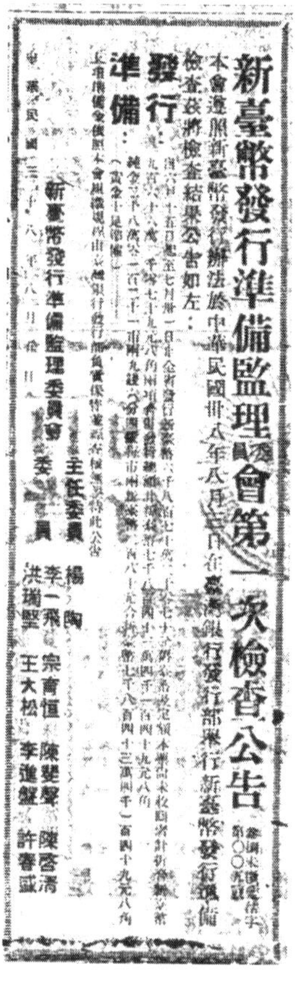
新臺幣發行準備監理委員會第一次檢查公告
本會遵照新臺幣發行辦法於中華民國卅八年八月　日在臺灣銀行發行部舉行新臺幣發行準備檢查茲將檢查結果公告如左：
發行：
準備：
新臺幣發行準備監理委員會
主任委員 楊陶
委員 李一飛 洪瑞堅 王大松 陳啓清

濟，人民方能過安居樂業生活。

(4) 發行「新臺幣限外臨時發行準備金」

國民黨總裁帶來了黃金，自民國39年8月5日發行「新臺幣限外臨時發行準備金」第一次公告（今稱外匯準備金），昭信國際貨幣基金會，民國50年1月5日第126次公告，已取信國際是最後一次公告，保證向國外購買物質機械之信用，做為人民生財，民有所獲利，政府可徵收稅金，建設臺灣，支付軍公教薪津及建設工程費用，繁榮臺灣經濟。

民國三、四十年代報紙都在每月五日，公告黃金、白銀數量做為發行「新臺幣準備金」的徵信，告示國際貨幣基金會之信用度；又有尹仲容經濟部長的國際前瞻性、國際村的遠見，向世界招商投資，穩固經濟，以奠定臺灣經濟的發展。

民國38年從大陸運來的黃金做為新臺幣發行的準備金（現藏新店小格頭附近山洞），當時

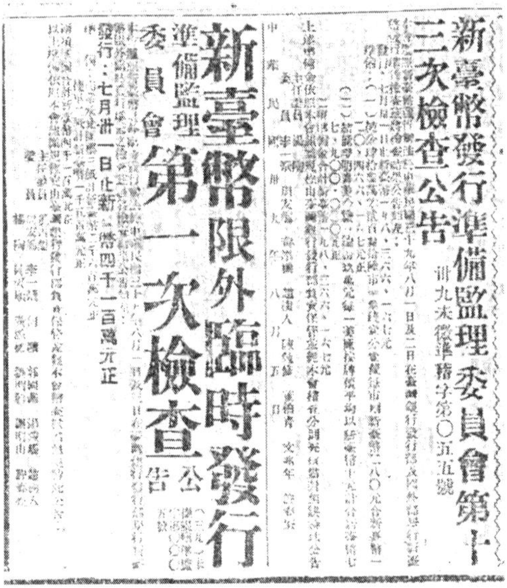
新臺幣發行準備監理委員會第十三次檢查公告
卅九未徵準稽字第〇五五號
新臺幣限外臨時發行準備監理委員會第一次檢查公告
發行：七月卅一日止新臺幣四千一百萬元正

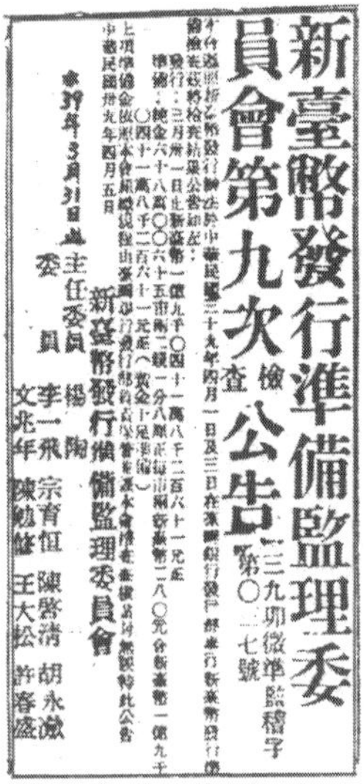
新臺幣發行準備監理委員會第九次檢查公告
三九卯徵準監稽字第〇二七號
中華民國卅九年四月五日
主任委員 楊陶
委員 李一飛 宗育任 陳啓清 胡永
文兆年 陳勉修 王大松 許春盛
新臺幣發行準備監理委員會

是以國民黨蔣總裁帶的，非由總統身份帶來的。

㈢國民黨黨產：

說起此事，筆者便一肚火，因為筆者繳了一輩子「黨費」，這些錢都是黨產的一部份，現在政府卻「搶」了去。就筆者所知國民黨黨產全是合法的，包含接下日本留下的財產。

新臺幣發行監理委員會第138次檢查公告

新臺幣限外臨時發行準備監理委員會第一二六次檢查公告

中華民國五十年元月五日

在黃金地段的和平東路一段頭，古亭捷運站五號出口的三間房子（現改為四間）六十年來一直是平房，為何未蓋大樓呢？日據時代的電力公司高級主管贈予筆者家父，民國三十八年國民政府遷臺，由日本友人贈予簽字據有效，家父就可以登記為所有人，當時怕繳不起稅，未經過戶登記，轉送給同鄉人來臺北居住，事後輾轉多人至今佔有人可居住，據說現今其一戶是警總高級長官居住。

(四)國庫通黨庫？

民國38年，國民黨黨部來臺，辦公場所是日人留下，房舍漏水待修繕，沒經費，曾經向正中書局借二十萬元至今未歸還（正中書局退休李姓老員工提供）。又當時黨沒有錢購辦公桌椅，黨工自買桌椅來辦公（潘教授，黨工、協會秘書長提供），那時國民黨帶了黃金，只做發行新臺幣準備金，未用予他處，何謂國庫通黨庫？

(五)國有財產

民國三十八年至八十八年國民黨執政五十年間，臺灣從無到有，累積保存國營財產：中華電信、中鋼、中油、臺電、臺糖等土地及財產。民國八十九年至九十六年民進黨執政七年餘，不知賤賣了多少全民辛苦及國民黨執政賺來數千兆的國有財產？

(六)228事件

民國36年當時228事件，一說臺灣人口300萬人？國中課本記錄600萬人？綠色說：國民黨殺了20萬人，那以600萬人來算，則30人就死亡1人，當時滿街遍地死人呢？其實228受難者內地人不比本地人少，內地人來台是單身，沒有家屬申訴。應為死難的人建個紀念碑，以慰在天之靈，促進族群融合。

過去種種錯誤白色恐怖，其實受難者內地人比本地人多，難以數計。

附錄

呈 建言〈一位「二二八」受難家屬的心聲〉回函

總統府用箋

正雄發行人惠鑒：近日致總統「一位『二二八』受難家屬的心聲」乙文及附件，業奉交下。荷承關心國事，提供深具意義之文章供政府參考，總統至成盛情，特囑代復致意。

總統向極關心二二八事件受難者家屬心中之傷痛，也一直致力撫平此一事件所帶來的歷史裂痕。自他擔任法務部長以來，即大力推動二二八事件補償立法及相關基金會之設立。隨著民主政治的深化，政府也以正面、坦誠、審慎的態度來處理此一事件，至今已數度公開為228事件向受難者家屬及全體國人道歉，並積極為受難者平反，包括賠償、恢復名譽、建碑、設紀念館、訂定特定紀念日等，深盼以最高的誠意與實際的作為，還給受難者及家屬公道，進而彌平歷史傷痛。

二二八事件已經給臺灣一個慘痛但寶貴的經驗和教訓，總統在九七年十二月十日世界人權日指出，我們紀念二二八事件就應彰顯人權價值，避免類似事件再度發生，唯有記取悲劇的教訓、卸下歷史的包袱，才能將傷痛化作迎接未來的力量。「錯誤可以原諒，但歷史不能忘記」，希望透過大家的努力，讓臺灣人權真正落實，不再是口號。

二二八事件迄今已近62年，仍有部分真相與責任尚待釐清，讓我們一起為還原事實的真相繼續努力，並以慈悲、寬容之心，促進各族群黨派的融合，攜手共創臺灣美好的未來。今復仍深盼您能繼續支持執政團隊，並不吝時賜針砭，作為總統與政府未來施政之參考。耑此，

順頌

時祺

公共事務室主任蔡仲禮敬啟98年2月20日 華總公三字第098000375000號

附注

〈一位二二八受難家屬的心聲〉乙文是為尊座競選總統文宣，非二二八訴求，是為國民黨推介德政事跡、為促進族群融合。當時中國文藝協會會員很多是六〇年代白色恐怖退役軍官、資深作家，不想出來投票，等於支持民進黨，我寫給他們看的，用來拉票。今年三月媒體報導，高雄市拾荒者，擁有七億房地，其原因是國民黨來臺施政，民國三十八年起的三七五減租，四十年起的公地放領，四十二年起的耕者有其田的德政，這位佃農的獲得利益，應是最好的文宣。

彭正雄的心聲

彭正雄是 228 受難家屬，當時年 9 歲，目睹家父受難，兩腳跟被打爛幾乎斷裂；第一次面會五人排站，幸好其中一位懂醫療獲得處方，他偕母第二次面會，面會距離約 15 公尺喊話交談（如同現今批發市場喊叫賣價），帶了藥洗衝向前遞交給家父，得以痊癒，幸免殘廢一生。彭父生前交代子女不記仇恨，他因前被列入黑名單，當兵時又被指導員陷害，軍中資料列為丙等，退役後不得考公務員；做生意又被警總搜查兩次，實為難過，遵從彭父遺囑，不記前嫌，只有努力奮鬥，纔有今天小康局面，並以寬容態度，促進族群融合，過着平靜生活。

貳、〈二二八憶往：身為二二八受難家屬的持平心聲〉（註③）

彭正雄這篇文章，是以「見證」的立場，先發表於「黃彰健院士與二二八研究追思學術研討會」，後再收於朱浤源教授主編，《二二八研究的校勘學視角—黃彰健院士追思論文集》。本文也據以簡介，前段已述部份則不再贅言。

(一)二二八事件的發生：回顧彭正雄小時候，二二八事件發生情景。當時彭家住在今之羅斯福路二段，彭父春福公是大安區錦華里（後改古亭區古亭里）十二鄰鄰長。事件發生時，住家巷口傳來吵鬧聲，彭父前往一探究竟，便被前來鎮暴的警察一併擄走，羈押在圓山旁的臺灣省訓團（今台北市立美術館附近）。

臺灣省訓團每月僅准予家屬探視被羈押人一次，彭母首次探視彭父時，才知道當時會見的方式，相當不人道，會見家屬的羈押人五人站立一排，家屬站在15公尺距離外與羈押人交談，由於距離遙遠，人聲雜沓，家母每句話都是用喊叫的方式才能讓彭父聽到。彭父羈押期間和其他羈押人一樣都被刑求，兩腳後腳跟腫脹潰爛，幾乎無法站立，會談喊話中，得知另一被羈押人為一國術師，要求家屬用紅花、川七、蔥根鬚泡米酒做成藥洗送到羈押所。首次會面時，彭母聞狀，相當心痛，返家後隨即如法泡製療傷的藥洗，第二次會面家父時，家母攜帶藥洗及我一同前往探視彭父，當時的彭正雄年僅八歲，就讀小學一年級，見守衛警察不注意時，遛進羈押所將泡製好的藥洗遞給父親。不知是藥洗療效極佳，還是祖先庇佑，家父用了藥洗自我療傷，傷勢漸好，才得以免除殘障的可能。羈押了七個月又十二天，家父終於重獲自由得到釋放。

由於彭父曾經因228事件被羈押，彭正雄因此被列入黑名單，服役期間在小金門，雖因工作態度佳，被長官指派擔任砲兵射擊計算士兼人二職務，但仍被指導員列為丙等的考績，退役後遂不得參與公務員考試，後來經營出版社，還被警總搜查過兩次，青年時的我為此憤恨不平，也相當難過。彭父生性平淡，教育子女時始終要求他們要放下仇恨、要努力奮進，凡事不與人爭、吃虧便是佔便宜。回想他大半輩子的打拼，恐怕都是遵從其父「嚴以律已、寬以待人」的教誨，才得以廣結善緣，而有今天的小康局面。

(二)日本人贈予地產：這種事情在當時日本人被迫離台時，很多臺灣人得到好處。筆者的祖父也獲日本人送的一棟房子，原因是當時日人被迫離台，財產是不能帶走的，祖父一時起同情心，殺一隻鵝送一戶日本家人，讓他們在路途上食用，該日人感動之餘，把一棟房子的房契地契並親筆寫贈送書給祖父。在彭正雄的文章，也提到類似這樣的事。

在黃金地段的和平東路一段頭，古亭捷運站五號出口的三間房子（現改為四間）六十年來一直是平房，為何未蓋大樓呢？日據時代的電力公司高級主管贈予筆者家父，民國三十八年國民政府遷台，由日本友人贈予簽字據有效，家父就可以登記為所有人，當時怕繳不起稅，未經過戶登記，轉送給同鄉人來臺北居住，事後輾轉多人至今佔有人可居住，據說現今其一戶是警總高級長官居住（開茶莊，逢年過節車水馬龍，賓客絡繹不絕）。

依民法居住二十年，居住者可享有使用權。又如信義路二—三段有某兩大知名冰淇淋業、餅乾業，佔有日人遺留下的地產，登記為其私人所有。國民黨情況同前者，國民黨也取得一些產業呢？利用產業也發揮救臺灣當時的國際石油及金融危機。目前全國有很多很大的財團，不也是取得日人所遺下產物？國民黨全國有161所民眾服務站，也可享有民法賦予的權利，但最近也率先部分還給政府了嗎！

(三)受難家屬的持平心聲：看了前面的簡介，讀者一定已經覺得彭正雄真是個「不凡的異類」，他的視野心胸和所有二二八受難家屬不同，他從族群和諧的高度看待事件。他的「公平、正義」是真公平真正義，因為二二八不光死臺灣人，也死大陸人，但從未有替大陸人發聲，直到有個彭正雄這樣的人。

其實228受難者當中，內地人不比本地人少，由於內地人來台多是單身，沒有家屬為之申訴，**因此彭正雄主張政府要爲228事件中罹難的本地及內地人一起立碑，不僅是安慰亡靈，也是爲了促進族群的融合**。仇恨是和諧的毒藥，彭正雄，身為228受難家屬，願意摒棄歷史悲情，用寬容的心，包容異己。臺灣人應向海洋學習包容的心胸，不辭涓細，接納百川，不要再存有被殖民的仇恨思維，我認為只有族群融合，心胸寬廣，發揚臺灣刻苦奮鬥的精神，臺灣才有可能走向世界，再創一次臺灣的經濟奇蹟。

彭正雄在〈飲水思源莫忘來時路—我國政府從大陸運來臺灣黃金寶藏〉一文，回憶到一段過往的歷史。一九四八年十一月二十四日，蔣公與經國父子談到時局，要「振興民族、重整旗鼓」，在「蔣公日記」亦寫到「捨棄現有績業，另選單純環境，縮小範圍，根本改造，另起爐灶不為功，現成之局，敗不以為意矣。」

十二月一日，上海外灘全面戒備，中國銀行的黃金由「海星輪」運往臺灣。十二月三十一日，中央銀行總裁俞鴻鈞向蔣公報告，國庫黃金已悉數運到臺灣。這些對日後穩定臺灣金融，經濟發展，乃至安定民心，有了極大貢獻，我們應飲水思源，復興民族文化，振興中華！

註釋

① 可詳見：陳福成，《奴婢妾匪到革命家之路—復興廣播電台謝雪紅訪講錄》（台北：文史哲出版社，二〇一四年二月）。

② 彭正雄，〈一位「二二八」受難家屬的心聲〉，這篇文章先後在以下兩刊物發表：㈠《黃埔四海同心會會刊》第十三期（二〇〇七年十二月二十三日）。㈡《海峽評論》第二〇七期（二〇〇八年三月三十一日）。最後上呈總統府。

③ 彭正雄，〈二二八憶往：身為二二八受難家屬的持平心聲〉，朱浤源教授主編，《二二八研究的校勘學視角—黃彰健院士追思論文集》（台北：文史哲出版社，二〇一〇年十二月二十九日），頁三四一—三四八。

附錄一

爲「兩岸出版交流三十年紀念會」講話

臺灣出版協會理事長陳恩泉

【開啓兩岸出版交流大門——建立交流窗口】

兩岸出版交流三十年，論語為政篇有句話：「三十而立」。「立」，是立定「志向」，心想往那裡走，向東或向西，都會有不同的結果。一九八八年，開啟兩岸出版交流的大門。十月二十日在上海舉辦的「海峽兩岸圖書展覽」舉行歷史性的開幕式：

汪道涵先生出席開幕式，致詞：「兩岸同胞，同宗同文，出版業應攜起手來，推動兩岸出版交流，加強合作」。

陳恩泉隨後在「海峽兩岸出版界懇談會」上提議，兩岸出版界應把握機會，建立民間交流窗口，為兩岸文化交流搭建橋樑。

【出版交流——響起了和平的鐘聲】

一九九三年七月，參加在吉林延邊舉辦的「'93吉林版權貿易洽談會」參加洽談會的朝鮮（北韓）代表用流利的華語長嘆一聲說：「大海茫茫，兩岸阻隔40年，是如何開展出版交流？兩韓一線之隔，不知何年何月才能辦到？」

如今，兩韓已在板門店簽署了「和平宣言」。

二〇一八年七月十三日，第四度「連習會」，連前主席明確表達「四點意見」與習總書記提「四個堅定不移」。任務和目標，清清楚楚。

等待的和平鐘聲終於響起！「31+3團圓論壇」是否已來到。

【出版交流——如一面歷史留下的鏡子】

二〇〇〇年八月，《臺灣出版史》上市，河北教育出版社出版。

《臺灣出版史》是《中國出版史》的組成部分，而且是非常重要的一部分，最主要是因其特殊的歷史與地位所致。但，《臺灣出版史》，如今面臨切割中華文化的影子。

二〇一一年七月，《中華民國史》36冊上市，中華書局出版。

要了解今天的中國，必須了解昨天和前天的中國。

今天在臺灣的中華民國，歷史止於一九四九年，時間經過已一甲子，看不到完結篇。

【出版交流——指引新生代出版人出路】

二〇一七年八月，為「打造兩岸共同中文市場」，由九州文化傳播中心、中國出版協會、臺灣出版協會主辦「臺灣新生代出版人研習班」，在北京舉辦。

國務院台辦副主任龍明彪指出，大陸各地區、各部門正在組織實施中華優秀傳統文化傳承發展工程，希望臺灣新生代青年能積極參與到這一工程中來。

二〇一八年四月為嚮應發展工程，在台北・臺灣出版協會慎重開辦「中華優秀傳統文化與〈一帶一路〉選題研討會」，發揚光大。

附錄二

彭正雄出版達人

蔡宗陽

彭祖福如東海
　　壽比南山
　　福壽駢臻
正本清源　洞悉出版界
　　　　　從無至有
雄心壯志　鼎助家境拮据
　　　　　　　印刷論文
　　　　　　　樂於助人
　　　　　受惠者如久旱逢甘雨
　　　　　銘感者門庭若市
　　　　　滴水之恩
　　　　　湧泉之報
　　　　　受贊助學者
　　　　　學術界皆名聞遐邇
出人頭地　虛懷若谷
　　　　　謙恭有禮
　　　　　理直氣和
版書工整　字如其人
　　　　　循規蹈矩
達觀樂觀　不畏挫折
　　　　　披荊斬棘
　　　　　看得開
　　　　　想得透
人和家和　和氣生財
　　　　　財源如泉湧　　　2014.10.01

有子魚　　彭正雄

與詩三老①
談詩說藝論人生
左抓右抓②
小酌福賓有子魚
一魚三吃③
享受快活如神仙　　2018.09.14

①三老張默、碧果、羅門三位大師。
②活魚自己抓。
③福賓，餐廳名，於羅斯福路二段。

耕　耘

一生與書為伍，今朝白髮吟唱，
往來文人雅士，案前編印史集。
堅持耕織文學，扛起歷史使命，
經年傳承發揚，優美中華文化。　2019.02.02

詩國大業

出版詩刊者寫詩乎
創造一個詩理想國
在這國度生眾蛋蛋
猶如我的生命
付出畢生心力
春秋大業於焉實現

詩園地　詩版圖
以詩為友　為師為親人
八秩志工　又是美編工
刊在史詩的　時空裡
我們的大業　不是微塵
耄耋詩人　與天地同壽

2019.12.25

憶充員　彭正雄

憶民國四十九充員兵，年少不知天下事，
台南三份子砲兵特訓，苦練五十又六日。
打狗旗津等船何處去，越南金門兩匆忙，
九百小時後入料羅灣，方知金門戰區到。
小金門唯屬我砲兵連，水井取水水如蜜，
火頭軍佚兄弟輪流幹，人人學做大饅頭。
美國總統艾森豪訪台，昔日共黨啓戰端，
六一九烈嶼砲打廈門，一心只想保家園。
猶記數趟往返小金門，烈嶼營齊心一力，
立法院經半世紀立法，準榮民千五百位，
時任指揮士親歷砲戰，申報僅僅數十位。
友朋說吾乃勇氣可嘉，白髮蒼蒼赤子心，
晚來適時得榮民之光，寫詩追憶望疆場。

附錄三

兩岸傑出青年出版專業人才研討會

臺灣代表團總結　彭正雄

謝謝大會給本人代表臺灣出版人做這次研討會發言的機會，在三十六位兩岸傑出青年出版專業人才，暨與會的出版人、專家、學者共聚一堂研討，以專業領域提出獨特見解、文化交流與切磋。茲理出幾點，供參考與指正：

(1)**翻譯華文圖書**：華文走出世界版圖，華文出版佔全球出版量的世界人口四分之一版圖，必須國際化將華文譯成世界各種文字，以五千年中華文化傳進全球，推展國際市場化，需培育與集中所有出版人才，積極國際出版合作空間。

(2)**創造出版商機**：與會專家學人，希望透過這次研討會凝聚共識，提出兩岸出版工作互補，共同撰稿編輯、行銷的出版合作計畫，減少成本，創造商機。

(3)**強化圖書通路**：行銷企劃的通路與媒體的溝通；銷售管道的e化，透過網路，展銷平面書本，也是出版人開拓市場的另一方式，雖然網路、電子書帶走部份市場，網路、電子書卻也促進展銷的途徑，兩岸的出版文化交流也更為密切，距離也彼此拉近，提供交流管道。

(4)**減低庫存壓力**：學術專業出版品市場有限，可採用POD印刷，需求量先印三、五十冊，往後若需要增印冊數的多寡，也不影響該書的單價成本，而一般絕版書也可採用此方式印刷。

(5)**閱讀人口流失**：目前臺灣讀者購書群大大低落，市場低迷的原因有二，其一為臺灣產業外移中國大陸，外移人口約在百萬人，其中不乏菁英讀者，減少不少在台消費力；其二為e化時代裏，網路人口增加，減少閱讀人口。

(6)**出版事業定位**：個人認為要排除出版商（出版商／出版業／出版人／出版者）這個名字，因出版這一行業與其它行業有所不同之處，它是文化的、創意的、智慧的，教化人身的高尚的行業。

第二屆兩岸傑出青年出版專業人才研討會
二〇〇三年四月五日於台北國家圖書館

文史哲彭正雄文化出版及交流使命年表

一九三九年（民國二十八年）一歲

△七月十五日生於新竹竹北鄉南寮舊港村。父彭春福、母周乖。

一九四〇年（民國二十九年）二歲

△九月遷台北市古亭庄今羅斯福路二段五十二號，今改六十四號，大安區錦華里十二鄰，又改行政區域為古亭區古亭里十二鄰，再改為中正區。

一九四一年（民國三十年）三歲

△家父做脚踏車生意，名稱「順發脚踏車店」，專營日本名牌順風脚踏車，臨近和平東路口是臺灣電力公司，做很多台電的生意，也幫維修車子，技術極棒，業務很好，也得到台電高級主管讚賞。生活環境過得好，小時候每天享受吃一隻鷄腿。彭父教育很嚴格。

一九四二年（民國三十一年）四歲

△韓游春十二月生。

一九四六（民國三十五年）八歲

△八月入學龍安國民小學台北市新生南路。

一九四七（民國三十六年）九歲

△三月初彭父二二八蒙冤被羈押臺灣省訓團（今圓山飯店下交流道空地，前有建築物。）七個月十二天，雙腳幾成殘廢，羈押期面會幸逢國術師告知藥洗處方，釋放後得以康復。

一九四八年（民國三十七年）十歲

△二月彭父修理腳踏車技術高明，也得臨近招商局宿舍住户的一位船長(內地人)賞識，不論車子(上海名牌飛利浦腳踏車)好遠壞了都應用三輪車載至店裏修理，他航行日本時買了一套高級綢製橡膠雨衣給彭正雄小朋友，可摺成如一本教科書大小，天天置放書包，放學遇雨，不致淋濕，同學非常羨慕。

一九五二年（民國四十一年）十四歲

△八月入學萬華初商。在學時簿記、會計成績都是班上最高分。

一九五五年（民國四十四年）十七歲

△二月五日彭母周氏乖仙逝。

△七月全台北市畢業生代表在中山堂舉行，獲得教育局長獎。住台北市十六年，不知地方位置如何前往領獎。

△八月入學台北市高商職校。因就讀初商時簿記、會計兩科成績好，奠下根基，再

學習商業會計、商業統計皆不必費力，白天協助父親做修理腳踏車及販售腳踏車業務；幫維修車子，技術也極棒。

一九五八年（民國四十七年）二十歲

△八月二十三日爆發「八二三砲戰」。

△十月十二日美國國防部部長麥艾樂菈臨中華民國，總統十三日接見並晚宴款待。

△十月三十一日與韓游春結婚。

一九五九年（民國四十八年）二十一歲

△七月高職畢業。做臨時工半年（大卡車搬運工、大同公司搬鐵條）。

一九六〇年（民國四十九年）二十二歲

△一月九日入伍，新竹第二訓練中心，我二〇四梯次受訓開飯享有熱騰火鍋飯菜，接上期營房，是一九六梯次蔣孝文之賜。

△三月五日再受砲兵訓練中心於台南三分子受訓八周。四月底在旗山等分發越南或金門服役。

△五月抵達金門料羅灣，再轉小金門砲兵連任計算士，並任人二業務。

△六月十八日美國總統艾森豪威爾來台訪問，十七、十九日中國大陸砲打小金門，砲擊十餘萬發飛越過小金門海域，不傷百姓。

△六月十九日還擊三萬餘發於廈門沿海，也以不傷人，但震破所有廈門大學窗戶玻璃，時任砲兵計算士。

一九六一年（民國五十年）二十三歲

△九月長子韓萍（字漢平）出生。

一九六二年（民國五十一年）二十四歲

△一月十二日退伍，在小金門戍守一年半。

△二月十七日進入職場，服務於學生書局店員、會計、編輯等職務。退伍後知父親經商失敗有負債二萬餘元，學生書局工作，早上九時到晚上九時，工作十二小時，月薪六百五十元。

△晚上拉三輪車賺錢還債。

△十一月長女雅雲出生。

一九六四年（民國五十三年）二十六歲

△十一月吳相湘編印《中國史學叢書》，有機會跟湘公學習編纂古籍，認識古籍版本。時印製叢書、圖書計算其會計成本，何時可回收投資資金。

一九六五年（民國五十四年）二十七歲

△四月次女雅玲出生

△三月赴曾約農國策顧問編輯湘鄉曾氏文獻，為期約半年。

△三月中在曾府桌上有看到很大的信封上印「蔣」字約四公分大小，問了朱副官，回音說蔣公給大綱要曾公寫青年節文告，問起究竟，方知晚期元旦、青年節、國慶日文告是曾寶蓀及曾約農倆姊弟所撰寫。

△四月編輯「湘鄉曾氏八本堂」文獻時，在曾府客廳遇見張少帥。

△七月在曾府編輯整理文獻時，發現遺缺的兩年《曾文正公日記全集》——《綿綿穆穆室日記》。今日纔被彭正雄發現。

一九六六年（民國五十五年）二十八歲

△本年年初建議劉總經理，公司可否辦「圖書季刊」，因國外客戶常要相關類別圖書，要費時多日，辦刊物提供臺灣出版界新書書目，一方面提供讀者，另一方面代客採購，增加營業收入，應允後，就以「圖書季刊」申請登記，孰料中央圖書館臺灣分館早在二月已登記《圖書月刊》，退件而更名《書目季刊》，這四個字，請國立中央圖書館特藏室編纂蘇瑩輝先生集「漢碑」，各種搨碑文精選四字「書目季刊」。

△本年度六六至七〇年每年的年度結算所有的任職書局精裝書存貨在八至十元之間，因景印圖書利潤較高，約半年至一年回收成本，以後就滯銷，因之不能實價計算，否則股東員工分紅，公司資金周轉就不足，難再景印古籍，為學術界提供文獻。彭東家股東大部份是陸總軍人退金籌辦的書局。

一九六八年（民國五十七年）三十歲

△十月二十四至二十九日舉行第一屆全國圖書雜誌展覽，於國立臺灣大學僑光堂展出。

一九七〇年（民國五十九年）三十二歲

△八月，民國五十四年在曾約農國策顧問編「湘鄉曾氏文獻」，所記錄資料被鮑經

理丟入舊式垃圾水泥箱，資料散亂，大部份遺失，就跟公司請辭。（但失而復得一份珍貴文學史料在其中）一直拖到一九七一年七月請辭獲准。

△九月三女雅芳出生。

一九七一年（民國六十年）三十三歲

△二月二十二日文史哲出版社獲得台北市新聞處申請證照。時申請證照，資本額最少新臺幣九萬元，發行人要初中畢業，總編輯要高中畢業以上，新聞處對外說要大專院校畢業。（時認識新聞處祕書，發行人以太太韓游春登記，彭正雄為總編輯；登記時我沒有錢，認識資深立委劉階平山東濰縣人的幫助，是華南銀行總經理會計師顧問，得以方法證明資金九萬元，順利登記文史哲出版社）

△八月一日中華民國（臺灣）退出聯合國。

△八月一日文史哲出版社開幕。

△十一月首出版陳新雄著《音略證補》。因陳教授多次到東家找我都說不在，不說我離職，本書本由東家出版，走空數次，生氣了，就交文史哲出書。本書每年再版，奠定文史哲營業基礎。

一九七二年（民國六十一年）三十四歲

△出版 CHINESE PAINTING 精裝七冊（莊嚴副院長收藏提供），本書出書後，也奠定文史哲營業基礎。

一九七五年（民國六十四年）三十七歲，

△本年「文史哲學集成」出版《中國圖書史略》、《先秦諸子易說通考》、《淮南論文三種》、《文心雕龍研究》等四書。

一九七六年（民國六十五年）三十八歲，

△十一月次子文銘出生。

一九七八年（民國六十七年）四　十歲，

△元月與中央圖書館合作出版《明人傳記資料索引》。

一九七九年（民國六十八年）四十一歲

△十一月張仁青著《應用文》出版，暢銷三十年，文史哲出版代表作，行銷三十年不衰。利潤每年投入學術專著十種。

一九八三年（民國七十二年）四十五歲，

△十二月十七至二十四日「中華民國七十二年全國圖書展覽」展覽地點國立歷史博物館臺北市南海路舉行，主辦行政院新聞局，協辦國立歷史博物館、國立中央圖書館、中華民國圖書出版事業協會，策劃執行三民書局，各項目與現不同，參展出版業家數最多，達三七九家，我是其中之一。

書展期天天排長龍進場。印展覽書目一套十本，首創依圖書館十進分類法分成十本，重量近達兩公斤，參觀讀者人數空前。

一九八六年（民國七十五年）四十八歲

△十月三十一日蔣公一百冥誕，參加日本東京舉行臺灣圖書大展。

一九八七年（民國七十六年）四十九歲

△五月間調查局李建華副局長來公司看書聊天，談起軍公教人員離鄉數十年，思鄉情結，想回大陸探親。我說及新加坡朋友楊教授：新加坡人七成由大陸來新加坡開墾離鄉數十年思鄉大陸親人，離鄉背井人民不斷爭取回鄉探親，李光耀總理同意四十五歲以上每年探親一次，回來要書寫報告，經三個月後，全民無所限制都可探親，回來報告大陸太落後，環境很差。之後就沒吵著要回鄉，過後人民更愛自己國家，以前跟臺灣借的錢年餘就歸還（新加坡勞退改革，勞工人員擠兌，把政府財經擠空，無法兌現，當時李光耀求救蔣經國總統）。就把這實情報知李副局長，七月回音：「基本國策不可變」，任上將軍公子清大教授說：當時很多將軍也誓言為國出生入死二十餘載何以不能回鄉探親，極力建言。沒想到十一月七日居然開放老兵可先回鄉探親。之前的建言可能有助一臂之力，因我是本地人又是228受難家屬，有這麼胸襟之因。

△七月李副局長回音基本國策不可變。

△十一月七日居然開放老兵可回鄉探親。可能民間與政府有同感，而准予推動。

一九八八年（民國七十七年）五十歲

△五月，同好為亦師亦友喬衍琯編印《喬衍琯先生著述年表》凡180篇以賀其六十大壽。

△七月，大陸著名學者張秀民，來函稱譽文史哲出版社、**發揚中國固有文化作出偉大貢獻**。見一〇二頁。

△八月，《文史哲雜誌》五卷一期出刊，內有彭正雄〈出版事業經營法〉㈠乙文。

△十月，《文史哲雜誌》五卷二期出刊，內有彭正雄〈出版事業經營法〉㈡乙文。

△十月上海圖書展，首次舉辦兩岸出版交流，是破冰之旅，排除萬難，組團參與有十二位代表，大陸有汪道涵，臺灣有陳恩泉，掀開了兩岸隔絕四十年的帷幕。

一九八九年（民國七十八年）五十一歲

△元月，《文史哲雜誌》五卷三期出刊，內有彭正雄〈出版事業經營法〉㈢乙文。

△八月二十八日赴大陸參加全國書市圖書展，並在人民大會堂兩岸出版人各派二百人長桌對等會談交流，鄰座是幼獅文化事業總編輯今考試委員何寄澎。本次臺灣參加約三百五十人之多。

△八月二十九日在崑崙大飯店與中科院臺港文學研究所副所長古繼堂會面，古繼堂研究臺灣小說，從日據時代小說，一直介紹到現代。這部《臺灣小說發展史》在我社出版，這次帶來五十冊交作者，兩岸出版合作開始。大陸文學界對於臺灣文學研究，向來不曾掉以輕心，海峽兩岸交流日益頻繁以來，利用這項「資源」。大陸學者古繼堂撰寫的《臺灣小說發展史》《臺灣新詩發展史》

一九八九年在臺灣文史哲出版社、大陸同步出版，開創兩岸出版先例。

一九九〇年（民國七十九年）五十二歲

△八月三十日，本年起以「北京國際圖書博覽會」為名。持續兩年對等交流於人民大會堂，以後每年連續參加圖書大展。

一九九一年（民國八十年）五十三歲

△十月彭正雄著《歷代賢母事略》一書，由文史哲出版社自行出版。

△十月天津人民出版社出版《中國文學大辭典》，第八冊五六三八頁記述彭正雄事略。

一九九二年（民國八十一年）五十四歲

△九月三日參加「第四屆北京國際圖書博覽會」攜二女兒雅玲同行。

△十一月二十五日彭父　春福公仙逝。

一九九三年（民國八十二年）五十五歲

△六月二女兒雅玲民國八十一年碩士畢業，論文《史通的歷史敘述理論》，獲得行政院新聞局「重要學術專門著作評審委員會」評定惠予出版補助二十萬。

△十月十二日參加行政院陸委會於大溪舉辦「出版業大陸事務研討會」為期兩天。

一九九四年（民國八十三年）五十六歲

△三月新聞局批准《唐詩百話》出版，第五號。**（出版大陸著作者，在台早期要申請）**。

△五月二十至二十四日新加坡同安會館舉辦第三屆國際學術研討會，主題「傳統文化的歷史與現代意義」，與會有臺灣、中國大陸、馬來西亞、香港、日本等

十七位學者發表論文。二十二日彭正雄發表〈臺灣地區古籍整理及其貢獻〉論文。

△六月二十八—三十日〈臺灣地區古籍整理及其貢獻〉刊於中央日報連載三天。

△十月十九—二十五日〈臺灣地區古籍整理及其貢獻〉刊於世界論壇報連載七天。

△十二月臺北百川書局出版《中國文學大辭典》第八冊五七五四—五七五五頁記述彭正雄事略。

一九九五年（民國八十四年）五十七歲

△四月十四日出版「羅門創作大系」《戰爭詩》等十種。

△八月二十七日，在新加坡同安會館暨新加坡國立大學共同主辦的「詩詞欣賞與研究的世界國際學術研討會」會中宣讀〈臺灣地區古典詩詞出版品回顧與展望〉乙文。

△臺灣的國家圖書館「漢學研究通訊」，總55—58期發表（一九九五—一九九六年）。並贈新加坡國立大學圖書七七五冊。

一九九六年（民國八十五年）五十八歲

△二月八日參加日本東京國際書展。本次展會會長及亞洲出版聯合會會長，主題：臺灣出版界建請加入聯合會會員。

一九九七年（民國八十六年）五十九歲

△五月四日獲得中國文藝協會文藝工作獎章。

△一月〈弱勢的出版業者，誰來關心!?〉一文發表出版界四十九期
△七月參加遼寧盤錦文聯與中國文藝協會舉辦「兩岸詩學研討會」。
△八月二十五－二十七日，第二屆華文出版聯誼會，在臺灣師範大學綜合大樓會議廳舉行。大陸、香港和臺灣各有龐大代表團，彭正雄是臺灣代表成員之一，同時也是籌備會工作人員。

一九九八年（民國八十七年）六十歲

△七月十五至二十四日，彭正雄和無名氏聯合邀請「創造美國百老匯奇蹟」的王洛勇先生，來台訪問。

一九九九年（民國八十八年）六十一歲

△五月當選中國文藝協會第二十八屆理事。
△七月長子歿。
△九月七日行政院國科會人文處邀請「研商促進國內大學與出版社合作開發具「審查制度」之學術性出版品，相關單位第二次座談會」
△九月《無名氏全集》出版

二〇〇〇年（民國八十九年）六十二歲

△八月二十八－二十九，無名氏(卜乃夫)發表〈臺灣出版界的奇人俠士—記不平凡的臺灣人彭正雄〉一文，《青年日報》連兩日發表。

二〇〇一年　（民國九十年）六十三歲

△元旦無名氏八十三歲生日，黃昏五友彭正雄、宋北超、徐世澤、薛兆庚及王志濂為之祝嘏。

二〇〇二年（民國九十一年）六十四歲

△四月，代表「出版同心會」成員，與蕭人儲夫婦到江西泰和，向蕭母賀百壽。並一遊江西井崗山，由江西新聞局韓局長接待並參訪文獻。

△十一月二日無名氏（卜乃夫，又名卜寧）舉行告別式並火化。黃昏五友（彭正雄、宋北超、徐世澤、薛兆庚及王志濂），另加彭先生女兒彭雅雲、妻韓游春七位協助布置接待。第一次為內地人辦理喪事，因無家人後嗣。

△十一月九日文史哲出版社舉辦「無名氏文學作品研討會暨書法展」，於徐州路市長官邸。到場有文化局局長龍應台等。詳見《無名氏的文學作品探索與紀懷》乙書。

△十二月二十九日十五時黃昏五友的彭正雄、宋北超、徐世澤、薛兆庚四位及卜幼夫、卜凡、文化局專員呂宜玲等恭護骨灰安奉於高雄佛光山寺，萬壽園大慧界西五樓86號。並捐卜乃夫瘦金字墨寶圖書館與卜老（無名氏）伴隨。

二〇〇三年（民國九十二年）六十五歲

△三月十三日受聘國立臺中圖書館《書香遠傳》雜誌評選委員。

△四月四、五日「第二屆兩岸傑出青年出版專業人才研討會」代表，假國家圖書館舉行。三十六位傑出青年，提出三十六篇論文。兩岸研討會總結：臺灣彭正

雄先生，大陸中國出版工作者協會主席于友先先生。

△四月十五至二十四日邀請江西出版工作者協會來臺參訪十天。，

△五月當選中國文藝協會第二十九屆理事。

△十一月出版馮馮著《霧航》三本一套，外孫倪茂源國中一年級為爺爺寫出版說明。馮馮居士任何考試都第一名，因之《霧航》定價為一一一一元。

二〇〇四年（民國九十三年）六十六歲

△三月三日申請「二二八受難家屬賠償」，羈押了七個月十二天，計七個基數以下敘述不到五百字，加八個基數，成語所解「一字千金」：

△十月十一日，由文史哲編委會編《無名氏的文學作品探索與紀懷》出版，彭正雄在該書有〈懷念熱忱待人與堅持創作的卜老〉和〈無名氏文學創作年表〉兩文。

△十月《作家無名氏先生文學作品追思紀念會》彭正雄在國軍英雄館六樓舉辦，參加者踴躍，與會者一百五十位好友，大會由尉天驄教授主持。會後餐敘席開十桌。

二〇〇五年（民國九十四年）六十七歲

△二月十九日，在台北參加「滿族聯誼會」，發表〈滿文書籍印刷30年甘苦談〉。

△二月二十日舉辦「黃彰健院士與二二八研究」追思學術研討會。主辦：臺灣大學教師會、中央研究院二二八研究增補小組；協辦：臺大社科院、海峽評論社、

文史哲出版社。

△三月一—六日邀請上海市新聞出版局副局長祝君波、解放日報社副總編輯毛用雄先生、文匯報社副總編輯陳啟偉先生、中國圖書進出口上海公司總經理許建剛先生、上海市新聞出版局報刊處秘書丁峰先生五位，本社為推動兩岸出版文化交流，希望藉由辦理來台參訪，舉行具體版權業務洽談，同時就圖書貿易項目進行磋商與選題探討，以達成協議，並促成兩岸出版文化交流的良性發展，增進合作出版的機會。

△十月參加廈門舉辦「第一屆海峽兩岸圖書交易會」。文史哲出版社展出千種圖書，圖書館採購聽我現場解說，瞭解後採購甚豐，這次銷售排首位。並介紹我臺灣參展圖書及沒有展出需求圖書，在何家出版，一一說明，得到圖書館採購人員讚美。

二〇〇六年（民國九十五年）六十八歲

△六月十六日參加新疆舉辦「第十六屆全國圖書交易博覽會」。

△十月一日受聘教育部「財團法人高等教育評鑑中心基金會」評鑑委員。聘書：高評（聘）字第〇九五〇五〇〇號。十月十三、十四日為國立高雄師範大學經學研究所的評鑑。

△十月二十五日，參加由文藝協會理事長綠蒂領軍的「北京文聯座談會」，提〈臺灣出版現況〉一文。

△十月十二日，當選中華民國新詩學會第十二屆理事。

△十一月臺北文史哲出版社，為馮居士在生前出版最後一本著作《趣味的新思維歷史故事》，本書二八五頁。本書寫作憑記憶一個月內完成歷史敘述的文稿。

二〇〇七年（民國九十六年）六十九歲

△一月十一日社團法人臺北市中庸學會第二屆理監事選舉，當選理事長。

△三月二十四日中庸學會理事長彭正雄邀請臺灣師大副校長蔡宗陽教授主講「從中庸之道談讀書」。

△四月參加重慶舉辦「第十七屆全國圖書交易博覽會」。

△五月當選中國文藝協會第三十屆理事。

△五月九日在和平東路慈濟道場彭正雄及慈濟共同舉辦馮馮居士追思告別。到場有王金平、如本法師等百餘友人。第二次為內地人辦理喪事，因無家人後嗣。

△五月九日馮馮居士下午告別式後火化，恭謁撿骨，親撿靈骨灰舍利花入銅甕。

△五月十日十二位三寶弟子恭護馮馮（張士雄）居士靈骨灰於八時出發，十二時四十分抵達關廟，十三時由如本法師主持入寶塔儀式，率十位師父在法界寶塔奉安助念；安厝於臺南縣龍崎鄉關廟中坑村內潭子18號法王講堂之法界寶塔，位置在第1樓、第35區、第2層、第33號。

△八月為馮居士（戶籍馮士雄，張士雄）平反中心及海軍司令部未獲成功。

△十月七日向南區國稅局嘉義市分局申請馮士雄帳戶銀行存款繼承。

△十一月二十二日南區國稅局嘉義市分局，函告申請須家屬，因之駁回不可，未獲過關。故基金會無法設立。

△十一月二十二日〈一位「二二八」受難家屬的心聲〉刊載：二〇〇七年十二月二十三日《黃埔四海同心會會刊》十三期暨二〇〇八年三月一日《海峽評論》207期。

二〇〇八年（民國九十七年）七十歲

△一月一日中華出版倫理自律協會聘任出版品分級評議委員會之評議委員。

△四月參加鄭州舉辦「第十八屆全國圖書交易博覽會」暨「紀念海峽兩岸出版交流二十周年」

△六月出版紀弦詩集《年方九十》（二〇〇五年九月來稿，因等一篇序，延今二〇〇八年方出版。）

紀弦是「天才中的天才」、「奇蹟中的奇蹟」（語出紀弦散文集《終南山下》，頁一九三—一九六），而彭發行人則是幫助世人看到奇蹟的推手啊！

紀弦：「**出版不出版，沒關係，……**」

文史哲允諾出書後，我們都很高興。有天，我很好奇的問珊珊：「紀老得知《年方九十》可以準備出版了，有何反應？」珊珊說：「我爸爸說，出版不出版沒關係，只要吳慶學喜歡就好。」我當場愣住，一時說不出話來。

彭發行人飛奔機場贈良藥：

珊珊兄妹從大陸追回了《年方九十》的詩稿，交文史哲打字、排版後，由我先校對一遍，再帶到美國，由紀老親自校對。我在出發前一天臨時跟彭發行人報告：明天赴美。彭發行人說：「我有西藏良藥，對中風患者特有效，用寄的不妥當，明天我到機場交給你帶給紀老。」次日，他真的為此親自專程在百忙中由台北趕赴機場，致贈西藏良藥「然納桑培—珍珠七十九」！」

（吳慶學）

△七月，發表〈臺灣出版概況及兩岸交流與展望〉一文，《青溪論壇》第三期。

△九月二十至二十三日「紀念海峽兩岸出版交流二十周年」分別於圓山飯店舉行，出版總署署長柳斌杰帶領大陸出版界六百餘位參與。余參與籌備工作及參加多項活動。

△十二月，由封德屏主編，《臺灣人文出版社30家》，由文訊雜誌社出版，內收徐開塵作，〈只取這一瓢飲—文史哲出版社〉一文。

二〇〇九年（民國九十八年）七十一歲

△二月十四日臺北賓館「新春文薈」以〈一位二二八受難家屬的心聲〉親呈總統

△四月二十六日參加濟南舉辦「第十九屆全國圖書交易博覽會」及「第五屆海峽兩岸傑出青年出版專業人才研討會」代表。二十九日在青島博覽會分展會場。

轉載題記：二〇〇六年四月底，第十九屆書博會（即原全國書展）在濟南舉行，其間得見臺灣出版界的傳奇人士，臺灣文史哲出版社社長彭正雄先生。彭先生現年已七十一歲，但是，仍然獨身自任，代表文史哲出版社來大陸參加書博會。彭先生為人極為熱忱，下文稱彭先生頗兼有學者、俠士風範，誠然。彭先生貴為社長、書展「VIP」，卻在展位熱情招呼讀者，不啻十九屆書博會一奇景，出於對臺灣出版業的好奇，與彭先生攀談許久，如沐春風。後得贈《孔孟月刊》，更喜不自勝。大陸出版業發展有年，受學術界詬病亦不在少，尤其是近年，愈發商業化，好的書稿，往往因經費困窘不得出版。我等在出版業供職，也頗無可奈何。在此情形下，不平凡的出版人彭正雄先生，更具有其特殊的意義。

△五月十五至二十二日參加廈門舉辦「海峽論壇—擴大民間交流，加強兩岸合作，促進共同發展」

△九月二十八日臺北市中庸學會孔夫子誕辰致詞

△十月三十日至十一月一日參加廈門舉辦「第五屆海峽兩岸圖書交易會」

△十二月三十一日至福州，賀福建省「海峽出版發行集團」成立—傳揚文化，開創未來。

二〇一〇年（民國九十九年）七十二歲

△一月二十八日社團法人臺北市中庸學會第三屆理監事選舉，當選連任理事長。

△二月十七日，參加「黃彰健院士與二二八研究學術研討會」，提出〈身為二二八受難家屬的持平心聲〉一文。

△三月，臺北賓館參加「新春文薈」，呈總統馬英九〈總統為國政操心，希望能體會小事〉一文。

△六月，在廈門海峽論壇：兩岸出版論壇提〈兩岸圖書關稅〉問題。

△七月二十日北京教育大會，因不克前往，撰〈文字教學之改進〉短文，請參加的朋友代為建言。

△九月二十八日臺北市中庸學會孔夫子誕辰以「孔夫子生平及文教淺談」致詞。

△十一月十八—二十日參加北京舉辦「第五屆中國（北京）國際文化創意產業博覽會」台湖國際圖書分會場文史哲出版社展圖書千種。

二〇一一年（民國一〇〇年）七十三歲

△一月當選中華民國新詩學會第十三屆常務理事

△三月，提〈傳統圖書出版業何去何從〉一文，由中華民國圖書出版事業協會寄呈總統。

△四月，林明理，〈走過歲月：臺灣文史哲出版社掠影〉四月二十三《臺灣日報》。

△五月當選中國文藝協會第三十一屆理事。

△六月二十六日岳父游公　石標壽一〇一仙逝，七月十日告別式。

△十一月出版《墨人博士作品全集》一套六十本

二〇一二年（民國一〇一年）七十四歲

△九月三至七日參展新疆烏魯木齊舉辦「第一屆中國——亞歐博覽會」，臺灣參加祇有文史哲出版社及世界書局兩家，全程招待。展出圖書四十冊全捐贈新疆大學。據新疆自治區新聞出版局黨組書記衍永強介紹，該出版博覽會是根據國家對外發展戰略，由國家新聞出版總署和自治區人民政府主辦的。現已有蒙古、俄羅斯、美國等十一個體國家十八家出版機構確認參展，臺灣、香港三家出版機構參展。全國援疆十八個省市出版單位和國內部分大型出版集團報名參展。展場面積五百平方米，　五十五個標準展位，其中國外展位

十個、新疆展位十個、港台二個、國內各出版集團三十個，屆時將舉辦出版博覽會論壇、高層會晤、嘉賓巡展、中外合作出版圖書首發式、圖書惠民銷售等活動。

△十月，女詩人林明理在《全國圖書資訊月刊》（國家圖書館發行），發表〈彭正雄著《歷代賢母事略》〉乙文。

△十一月二十三日，台北市立圖書館「第十七屆兩岸四地華文出版年會」，提〈傳統出版業面臨的困境與展望〉一文。

二〇一三年（民國一〇二年）七十五歲

△四月十四日出版《我的詩國》，特大本A3（高43.4cm寬31.6cm）綢布精裝彩色印刷，是大詩人羅門伉儷結婚五十八周年的紀念禮物，全球僅有三套是發行人親手製作。一套餽贈大詩人伉儷做為賀禮，另一套發行人親自於當年四月二十日致送到大詩人家鄉海南島燈屋藝術館典藏，第三套發行人自行保存。在世僅此三套限量珍稀。

△四月十八—二十三日海南省舉辦「第二十三屆全國圖書交易博覽會」

△四月二十三日彭媽韓氏　含笑慈母仙逝。

△十月三十一日臺灣出版協會第一屆選舉理監事，當選任副理事長。

二〇一四年（民國一〇三年）七十六歲

△二月間「南國書香節」書展，進一步提升「臺灣文化主題館」的展出內容，經廣東新華發行集團、福建閩台圖書公司、臺灣出版協會三方友好協商，本著平等、誠信、互利的原則，簽署項目合作協議書，制定任務完成時間表。「臺灣文化主題館」的現場展示與銷售工作，依協議書的分二內容，由福建閩台圖書公司負責執行。臺灣出版協會監督。

△五月四日創辦《華文現代詩》季刊。編委有十位：林錫嘉、曾美霞、楊顯榮、劉正偉、陳福成、許其正、莫渝、陳寧貴、鄭雅文、彭正雄。鄭雅文任社長總理社務；林錫嘉任總編輯審稿總校編；曾美霞任副總編輯負責電子初審稿及校編；發行人彭正雄負責電子編排、版款美編出版及實務發行，兼多項工作以節省經費；每位編委各有主編專屬欄目及校勘。楊顯榮榮任創世紀詩雜誌季刊社長，社務繁忙，二〇一五年六月辭去編委。

△六月九日至十日，在福華飯店參加「兩岸華文文學研討會」，提論文〈淺談兩岸出版文化之交流〉。

二〇一五年（民國一〇四年）七十七歲

△八月十六日偕同夫人參加廣州首屆粵台港澳出版論壇。

△一月當選中華民國新詩學會第十四屆常務理事。

△三月二日二女兒雅玲借調任南投縣教育處處長。

△五月當選中國文藝協會第三十二屆理事。

△八月九日舉辦一信（徐榮慶）詩歌研討會，於台北市金山南路銀翼餐廳舉辦。

△八月出版《陳福成著作全編》一套八十本

△十月十六日應邀貴州貴陽「首屆國學圖書博覽會」台港五家參展，全程招待。與會人員有亞洲地區：周功鑫臺北故宮博物院前院長、孔維勤臺灣孔子協會理事長、王承惠華品文創出版股份有限公司總經理、彭正雄文史哲出版社社長、李安香港三聯書店副總編輯、林利國新加坡亞太圖書出版社總經理、林明志馬來西亞大將出版副社長及大陸地區出版社、學者等百名。

△十月三十日應淡江大學張雙英教授邀請，到中文所博士班授課，講題「書的版本演繹史」。

二〇一六年（民國一〇五年）七十八歲

△一月二十四日華文現代詩社舉辦莊雲惠老師為播詩種童詩園遊會詩友會，加強兒童青少年參與詩的寫作動力，與會者有七十六位，小朋友作者朗誦詩作。於台北市南昌街丹堤咖啡

△二月十九日參加首屆海峽兩岸出版編輯界高端研討會，在台北召開，研討會主題「出版編輯策劃與創意設計的構思」，副題「兩岸出版編輯界的現狀、發展、問題及展望」。研討會由臺灣出版協會、中國編輯學會共同主辦。出席研討會的兩岸出版編輯界代表近五十人，是兩岸出版交流近三十年來一個新局面的展現，勢必對兩岸出版編輯界的交流擴大影響的層面，並為開創新局與交流合作帶來新契機。凝聚共識如下：一、希望研討會的召開，促使兩岸出版編輯界建立交流機制與合作出版的平台。二、針對出版編輯界面臨新科技、新技術的挑戰，配合學術機構辦理培訓課程。三、建議兩岸協會與學會合作，擇期舉辦經典作品與裝幀設計展示會，並頒發設計獎與貢獻獎。四、條件成熟後，兩岸協會與學會可規劃舉辦「出版編輯峰會」，進行兩岸出版界高層交流，深化交流目的。

△四月十二日，國防部人次室人事勤務處董培倫上校表示：民國49年（一九六〇）「金門619砲戰」參戰人員，確認可享「榮民」身份。

△五月十日接受軍事專家田立仁採訪，口述歷史：〈小金門六一九砲戰親歷記〉二〇一六年六月《軍事家》刊出。

△六月六日，彭正雄呈文國防部依戰參謀本部，查核參加「619金門砲戰」資料，以

確認「榮民」身份。

△八月十二日在十二屆海峽兩岸出版圖書交易會與山東文藝出版社負責人王月峰簽約出版合作，出版《民國文學與文化系列論叢》。

△八月十八日（農曆二〇一八年七月初七）充員兩年兵役，緣由參加小金門619砲戰戰績，獲得中華民國榮譽國民證。

△十二月二十日，紅袖藏雲，〈前進復前進：悠悠涉長道的彭正雄〉，《有荷文學雜誌》，二十二期，（大憨蓮文化工作室）。

二〇一七年（民國一〇六年）七十九歲

△二月二十八日二女兒雅玲歸建臺中教育大學教授。

△八月七—十四日廣西參訪—中國全民民主統一會廣西南寧崇左巴馬參訪旅遊。

△八月，四十年來學術研究論著《文史哲學集成》已出版700號：《老子義理疏解》。

△十月三十一日臺灣出版協會選舉第二屆理監事，連任副理事長。

△十月出版《廣西參訪遊記—中國全民民主統一會廣西南寧崇左巴馬參訪旅遊》。

二〇一八年（民國一〇七年）八十歲

△二月四日龔鵬程（前佛光大學創校校長、前陸委會文教處長、現任北京大學教授）夫人傅一清著《一隻手的掌聲》新書分享會，主持人楊樹清先生介紹大部分

現代文學作家，會中龔教授談兩岸中華文明幫手及夫人作品，後談現代文學跟學術有別，學術論文規範彭先生知曉，再述文學寫作模式不同，夫人跳脫過去模式，她用創新與現實與現代科技寫作的小說。

△二月五日《華文現代詩》季刊十六期出刊，四周歲了。

△三月七日**拜訪學生書局發行人劉國瑞先生口述：學生書局與林海音簽約編雜誌，聘請林海音擔任發行人兼主編《純文學》月刊，當時支付新台幣六萬籌辦，派學生書局副理羅奉來當純文學經理，發行三期後，第四期全交由林海音女士負責，再支付新台幣六萬元繼續接辦**，逕行自負盈虧，林海音主辦至五十四期，復交學生書局繼續經營，聘請劉守宜教授擔任主編，因主編教學忙碌，請辭編務，編了八期後停辦。」（一九六七年四月二十八日學生書局與林海音簽約編雜誌〔見影本〕，時六個多月正雄任純文學會計事務）

△三月彭正雄編著《圖說中國書籍演進小史》出版。十月增修三版。

△四月十四日台北市彭氏宗親會第二十屆第三次會員大會表揚宗長，祝賀彭正雄、韓游春伉儷鑽石婚禮幸福久久。

△四月二十一日華文現代詩社編輯團隊林錫嘉、劉正偉、莫渝、鄭雅文、彭正雄參加新竹尖石鄉鄉長舉辦那羅文學步道的青蛙石步道揭幕。

△四月二十四、二十五日臺灣出版協會舉辦「海峽兩岸優秀編輯中華優秀傳統文化與『一帶一路』選題研討會」，地點在台北市中國文化大學延平分部，由副理事長李錫東全程策劃，理事長陳恩泉、副理事長彭正雄全程參與，臺灣人員廿五位、大陸人員三十一位，成果輝煌。

△五月五日母親節前夕，世界和平婦女會臺灣總會假桃園市遠東百貨公司舉行頒獎「慈孝家庭表揚狀」典禮，恭賀彭正雄、韓游春、彭雅雲、彭雅玲、韓雅芳、韓文銘家庭。發揚「父母慈子女孝」精神，營造真愛與孝情之家庭，善化社會堪為楷模，特以表揚。

攝於桃園市遠東百貨公司內

△九月二十八日教師節，今早劉發行人國瑞先生，我（彭）的老東家來電肯定在下之文史哲出版學術文學發展成就近一甲子。並證實學生書局是創辦《純文學》

聲明原由之證據，東家且說無庸計較爭論。

附《純文學》62期「痛苦的宣布」。今日尋獲本文。見312頁。

△《純文學》創辦合約見第二十頁。

二〇一九年（民國一〇八年）八十一歲

△元月七日星期一，今連續排版華文現代詩二十期第二批稿，最難排的〈因我們住臺灣〉客語臺語詩真費時，排了一天沒排就，詩刊很難，比傳統書出版更難排版。

△三月九日社團法人臺北市中庸實踐學會第六屆理監事選舉，當選理事長。

△三月十八日為《華文現代詩》成立五周年，彭正雄召集人邀請五位決審委員：向明、麥穗、陳寧貴、許其正、莫渝專家先進，在台北華國飯店舉行決審會議。首先由召集人彭正雄報告此次「華文現代詩五週年詩獎」鼓勵創作、獎挹後進等舉辦的意義；劉正偉報告此次徵獎收件與作業的行政工作等。決審會議首先推選向明老師為主席，向明老師發言盛讚此次作品水準非常高，詩質卓越。我看向明老師與幾位評審在每首匿名詩都作紅筆點評，可見評審事先在家都詳細閱讀、評記，作足功課、有備而來。

△五月三日當選中國文藝協會第三十三屆理事。

五月十五、十六日臺灣出版協會舉辦「海峽兩岸優秀編輯中華優秀傳統文化共商共編選題研討會」，地點在台北市中國文化大學建國分部，由理事長李錫東全程策劃，副理事長彭正雄全程參與，臺灣人員十二位、大陸人員十八位，成果輝煌。

二〇二〇年（民國一〇九年）八十二歲

△二月十一日華文現代詩第二十四期出刊。出刊後宣佈暫時停出刊。二十四期刊後語「發行人耄之年體能受限。敬謹通知諸作者暨讀者。感謝六年賜予本刊詩文。本刊不得已需暫時停刊。」

△六月彭正雄著《出版人瑣記》出版。十月修訂再版。

二〇二一年（民國一一〇年）八十三歲

△七月二日為新冠疫情，首次注射「莫德納」第一劑。

△八月一日文史哲出版社成立五十周年，因疫情關係，停辦慶祝活動。

△九月二十三日為新冠疫情，再次注射「莫德納」第二劑。

△十二月八日臺灣出版協會選舉第三屆理監事選舉，連任副理事長（常務理事）。

二〇二二年（民國一一一年）八十四歲

△一月二十日為新冠疫情，再次注射「莫德納」第三劑。

△三月五日社團法人臺北市中庸實踐學會第七屆理監事選舉，當選理事長。
△五月二十日為新冠疫情，再次注射「莫德納」第四劑。
△六月十一日中華民國新詩學會第十六屆理監事選舉，連任常務理事。
△六月宗長彭建方《中華紀元年表》增修四版出版之序言一則。
△七月七日晚間吃饅頭，既然吃斷牙齒，八日彭夫人陪去看快安牙醫唇診所治療。
溫大夫念廉說：八十四歲有二十二顆牙齒難得耶。
△七月十九日參加文訊・文藝資料中心「臺北文學館」籌備處成立，作者陳與彭贈手稿及出版圖書文學館典藏，并賀詞。

陳福成：

廣求海內外翰墨圖書手稿諸寶物
快樂人世間名山事業精神得長留

彭正雄：

嘉惠人間八方圖書鳳采盡在館裏
廣搜百代萬家墨寶遺編流傳萬世

附錄：《純文學》62期民國六十一年二月號，頁一九九，「痛苦的宣布」。

痛苦的宣布

一件事情到了非作某項決定而別無選擇的時候，儘管違背本身的意願，儘管不免要使自己心愛的事物多多少少受到若干損害，但也無可奈何，只好擡起頭來，接受理智所作的痛苦決定。我們為了改變「純文學」賠累繼續增加的趨勢；為了使「純文學」立於健全的經濟基礎，不但要長久維持下去，而且要能夠繼續壯大，不斷向前發展；不得不採取非常手段，鄭重宣布：六十二期出刊以後，暫時休刊。我們休刊的目的不是逃避，而是進取；不僅為了結束過去所受的痛苦，更為了爭取迴旋、新生的餘地。

這個不幸的消息，對一般讀者來說，也許有點兒突然，少數志同道合的人，憑興趣、憑熱心辦雜誌，有困難原在預料之中。五年前「純文學」創刊的時候，在代發刊詞中，我們就曾明白表示：「深知今日純私人辦刊物的艱難。」可是因為大家推測臺灣的出版界剝極必復，將有一個「旺盛」的時代出現，為了迎接這個時代的來臨，於是大家就創辦了這份「純文學」的文學雜誌。五年多的歲月過去，證明當初的推測是「對的」，出版界果然比以前蓬勃得多；但也錯了，「純文學」的雜誌仍然撐持困難，一個個枯萎下去，一個個倒下去。

六十年六月間本刊改組以後，編者劉守宜先生在七月四日、五日的中央日報副刊上所發表的一篇「從文學刊物談起」的文章裏，就曾說到：「如果『純文學』有朝一日所憑藉者只靠幾個文人的熱忱，也不免要自月刊而雙月刊，雙月刊而季刊，季刊而年刊。」又說：「林（海音）先生急於想擺脫雜誌的負擔，休刊心又不甘，要把雜誌交給原始合作人維持下去，逼得代表出資人學生書局的劉國瑞先生只有從後臺走到前臺……我又一時衝動……接下了這份編務，隨時準備賠人『投海』。」字裏行間，也不難發現雜誌當時已遭遇嚴重的困難。

我們為了顧慮長期訂戶在金錢上遭受意外損失，一週前曾發出一封信，提供一個可行的處置辦法，希望把過去作個結束。幾天來，曾不斷接到訂戶來信。訂戶是雜誌的忠實支持者，他們為月刊表示惋惜；對同仁表示慰勉；為月刊的前途訴說了願望；並且提供了各式各樣雖不怎麼實際但誠意極為感人的具體辦法。在這裏，我們除了感激之外，覺得非常慚愧。最後，我們只能告訴大家一句話：雜誌休刊是暫時性的；復刊這不但是各位讀者一致的願望，也是同仁目前努力的目標。

謝謝各位的支持。

陳福成著作全編總目

文史哲出版

㊴在「鳳梅人」小橋上
㊵我所知道的孫大公
㊶為中華民族的生存發展進百書疏
㊷金秋六人行
㊸漸凍勇士陳宏

捌、小說、翻譯小說

㊹迷情・奇謀・輪迴、
㊺愛倫坡恐怖推理小說

玖、散文、論文、雜記、詩遊記、人生小品

㊻一個軍校生的台大閒情
㊼古道・秋風・瘦筆
㊽頓悟學習
㊾春秋正義
㊿公主與王子的夢幻、
51 迴游的鮭魚
52 男人和女人的情話真話
53 臺灣邊陲之美
54 最自在的彩霞
55 梁又平事件後

拾、回憶錄體

56 五十不惑
57 我的革命檔案
58 台大教官興衰錄
59 迷航記、
60 最後一代書寫的身影
61 我這輩子幹了什麼好事
62 那些年我們是這樣寫情書的
63 那些年我們是這樣談戀愛的
64 臺灣大學退休人員聯誼會第九屆理事長記實

拾壹、兵學、戰爭

65 孫子實戰經驗研究
66 第四波戰爭開山鼻祖賓拉登

拾貳、政治研究

67 政治學方法論概說
68 西洋政治思想史概述
69 中國全民民主統一會北京行
70 尋找理想國：中國式民主政治研究要綱

拾參、中國命運、喚醒國魂

71 大浩劫後：日本311天譴說
日本問題的終極處理

拾肆、地方誌、地區研究

72 台大逸仙學會
73 台北公館台大地區考古・導覽
74 台中開發史
75 台北的前世今生
76 台北公館地區開發史

拾伍、其他

77 英文單字研究
78 與君賞玩天地寬（文友評論）
79 非常傳銷學
80 新領導與管理實務